机工IT

A Guide for

Software Test Engineers

软件测试工程师修炼指南

温子新/编著

软件测试作为软件开发生命周期中至关重要的一环，其重要性不言而喻。本书旨在为各层次的测试人员提供一个较全面的知识体系。本书共 5 章。第 1 章入行必读：职业发展路线，详细介绍软件测试初、中、高级工程师以及测试经理职业发展路线。第 2 章初入职场：初级工程师两步走，详细介绍如何融入团队以及如何有效执行任务。第 3 章小试牛刀：中级工程师四大法宝，详细介绍如何设计测试用例以及如何学习网络、数据库和 Linux 等知识，最后通过开源项目实战来练习这些技能。第 4 章锋芒毕露：高级工程师专项能力突破，详细介绍如何设计项目测试方案，如何进行自动化测试、性能测试、单元测试等。第 5 章所向披靡：测试经理“心法”修炼，详细介绍如何提升团队测试效率以及搭建人才梯队。

本书适合软件测试从业者阅读。无论是初入职场 1~2 年的测试小白，还是工作 3~8 年的测试“老手”，本书均可帮助他们快速提升技能以及进行全面的职业规划。

图书在版编目（CIP）数据

软件测试工程师修炼指南 / 温子新编著. -- 北京 : 机械工业出版社，2025. 3. -- ISBN 978-7-111-77440-2

Ⅰ. TP311. 55-62

中国国家版本馆 CIP 数据核字第 2025CM3512 号

机械工业出版社（北京市百万庄大街 22 号　邮政编码 100037）
策划编辑：李晓波　　　　责任编辑：李晓波
责任校对：郑　雪　李　杉　　责任印制：郜　敏
北京富资园科技发展有限公司印刷
2025 年 4 月第 1 版第 1 次印刷
184mm×240mm · 15. 5 印张 · 342 千字
标准书号：ISBN 978-7-111-77440-2
定价：89. 00 元

电话服务　　网络服务
客服电话：010-88361066　　机　工　官　网：www. cmpbook. com
010-88379833　　机　工　官　博：weibo. com/cmp1952
010-68326294　　金　书　网：www. golden-book. com
封底无防伪标均为盗版　　机工教育服务网：www. cmpedu. com

前言

PREFACE

软件测试作为软件开发生命周期中至关重要的一环，其重要性不言而喻。从初级测试人员到高级测试工程师，每一位从业者都在共同推动这一领域的发展。本书旨在为各层次的测试人员提供一个较全面的知识体系，无论是刚刚入门的初学者，还是有一定经验的中级测试人员，抑或是希望深入探讨测试底层原理的高级测试工程师，都能从中受益。

初级测试人员

对于刚刚踏入软件测试领域的读者来说，快速融入团队并高效执行任务是首要目标。本书的第 2 章详细阐述了初级工程师在团队中的定位、如何快速熟悉团队成员和项目以及执行测试任务的基本方法。通过这一章的学习，初级工程师将掌握与团队成员打交道的技巧、业务知识的快速学习方法、测试用例的执行、问题的记录等基础技能，为其职业生涯奠定坚实的基础。

中级测试人员

当读者已经在测试领域积累了一定的经验，逐步过渡到中级测试人员的角色时，将面临新的挑战，即如何设计和执行更复杂的测试方案。第 3 章专注于中级工程师的成长路径，介绍了核心测试场景设计、问题分析与定位、测试环境维护等内容。中级工程师将学会深入理解产品需求、设计全面覆盖的测试用例、掌握网络知识和数据库操作等关键技能，并通过实际项目的锤炼，提升技术水平和问题解决能力。

高级测试工程师

作为高级测试工程师，不仅需要具备深厚的测试技术功底，还需要在特定领域内展现出卓越的专业能力。第 4 章详细介绍了自动化测试、性能测试、单元测试等方面的专业知识和实践经验。同时，还探讨了高级测试工程师在测试团队中发挥的关键作用，如技术方案设计、工具链搭建、提高自动化测试覆盖率等。通过这一章的学习，读者能够独当一面，带领团队解决复杂的测试问题。

测试经理

作为测试经理，在测试团队中扮演着至关重要的角色，需要从战略高度出发，统筹安排测试工作，提升团队效率与质量。第 5 章专门为读者提供了团队定位、测试流程优化、质量体系搭建等方面的实用指导，包括如何制定测试策略、优化测试流程、建立健全的质量保障体系，并通过人才梯队的搭建，推动整个团队不断进步和成功。

无论读者处于职业生涯的哪个阶段，本书都将提供全面且深入的知识支持，帮助大家在软件测试领域取得长足的发展。希望本书能成为读者职业旅程中的良师益友，在测试世界里披荆斩棘、勇往直前。

祝愿每一位读者在软件测试的道路上，收获满满、成就卓越。

本书及作者优势

阶梯式“打怪升级”路径

本书按照初级、中级、高级测试人员的职业发展阶段，精心设计了循序渐进的学习内容。从基础的测试概念和方法，到复杂的自动化测试和性能测试，再到高层次的测试管理和架构设计，每一个阶段都配有详细的讲解和实例分析。无论处于职业生涯的哪个阶段，都能在本书中找到适合自己的学习内容，逐步提升个人的技能和知识水平，实现职业发展的阶梯式“打怪升级”。

项目实战

理论与实践的结合是本书的核心特色之一。书中包含了丰富的项目实战案例，从真实的项目中提炼常见问题和解决方案。通过这些实战案例，读者可以直观地看到理论如何在实际工作中应用，掌握解决实际问题的技能。无论是通信领域、电商平台，还是大数据项目，本书都涵盖了具体的测试实践，帮助读者在不同的行业背景下应对各种挑战。

超 10 年从业经验

本书作者拥有超过 10 年的软件测试从业经验，涵盖通信、电商和大数据等领域。作者将自己在这些领域中的宝贵经验倾囊相授，不仅包括技术层面的知识，更包含了项目管理、团队协作和职业发展的心得体会。这些经验将帮助读者在职业生涯中少走弯路，迅速提升专业能力和职业素养。

本书不仅是一本学习软件测试的指南，更是一本伴随读者成长的职业发展手册，希望帮助读者在软件测试的领域中不断进步，取得辉煌的成就。

CONTENTS 目录

第3章 CHAPTER3 小试牛刀：中级工程师四大法宝 / 14

第4章 CHAPTER.4 锋芒毕露：高级工程师专项能力突破 / 99

CHAPTER 1

第 1 章

入行必读：职业发展路线

1.1 概述

作为刚入职的初级测试工程师，应该在 1 年内掌握初级工程师的技能，然后在接下来的 1～2 年内掌握中级工程师的技能，最后在成为中级工程师后的 2～3 年内掌握高级工程师的技能。从成为中级工程师开始，有两条发展路径：一条通往技术专家，另一条通往技术管理。通往技术专家的路线需要在某个领域内有深入的研究和经验，并能够解决复杂的问题。通往技术管理的路线则是成为测试经理，需要掌握项目管理、团队管理、质量管理等方面的知识。

1.2 初级测试工程师

1.2.1 如何胜任

作为初级测试工程师，主要职责是执行测试用例、记录测试结果、报告缺陷，并参与团队的日常测试活动。初级测试工程师需要掌握以下技能和知识：

1. 基本测试知识

了解测试基础知识，包括测试生命周期、测试类型（如功能测试、性能测试、安全测试等）。

2. 测试用例设计

学习如何编写详细的测试用例，确保覆盖所有功能和边界情况。

3. 缺陷报告

掌握缺陷报告的编写技巧，能够清晰、准确地描述所发现的问题，便于开发人员复现和修复。

4. 工具使用

熟悉常用的测试管理工具（如 JIRA、TestRail）和自动化测试工具（如 Selenium、JUnit）的使用。

1.2.2 如何提升到中级测试工程师

1. 提升技术能力

深入学习测试技术，掌握自动化测试、性能测试、安全测试等高级技能。

2. 参与复杂项目

积极参与复杂项目的测试工作，积累项目经验和技术经验。

3. 学习编程

掌握一门编程语言（如 Python、Java），提高自动化测试的能力。

4. 获得认证

考取相关测试认证（如 ISTQB），提升专业水平和行业认可度。

1.3 中级测试工程师

1.3.1 如何胜任

中级测试工程师需要在初级测试工程师的基础上，承担更多的责任，包括设计测试计划、编写测试策略、指导初级测试工程师等。需要具备以下能力：

1. 测试计划和策略

能够独立制订详细的测试计划和测试策略，确保测试工作有序进行。

2. 自动化测试

掌握并能够实施自动化测试，提升测试效率和覆盖率。

3. 问题解决

具备分析和解决复杂技术问题的能力，能够快速响应和处理突发情况。

4. 团队协作

能够有效地与开发团队、产品团队和其他相关方沟通，确保测试工作顺利进行。

1.3.2 如何提升到高级测试工程师

1. 项目管理能力

学习项目管理知识，能够承担项目管理职责，如进度跟踪、资源分配等。

2. 技术深度和广度

深入学习某个测试领域（如性能测试、安全测试）并成为专家，同时拓展其他领域的知识。

3. 领导能力

培养团队领导能力，能够指导和带领初级和中级测试工程师，提升团队整体水平。

4. 贡献社区

积极参与开源社区或行业会议，分享经验和知识，提升自己的影响力和专业形象。

1.4 高级测试工程师

1.4.1 如何胜任

高级测试工程师在测试团队中扮演关键角色，负责整体测试策略的制定、复杂技术问题的解决，以及团队的技术指导。需要具备以下能力：

1. 全面的技术能力

精通各种测试技术和工具，能够解决复杂的技术问题。

2. 制定测试策略

制定并执行整体测试策略，确保产品质量和项目成功。

3. 技术指导和培训

指导和培训团队成员，提升团队整体技术水平。

4. 创新能力

能够提出并实施创新的测试方法和工具，提升测试效率和效果。

1.4.2 如何提升到测试经理

1. 管理能力

学习并掌握团队管理和项目管理的知识和技能，能够有效地管理测试团队和项目。

2. 战略思维

具备战略思维，能够从全局角度思考和规划测试工作，确保与公司和项目目标一致。

3. 沟通能力

提升沟通能力，能够有效地与企业高层、客户和其他部门沟通，确保测试工作顺利进行。

4. 持续学习

保持持续学习的态度，关注行业动态和新技术，保持自己的专业水平和竞争力。

1.5 测试经理

1.5.1 如何胜任

测试经理需要全面掌握管理和技术知识，能够有效地领导测试团队，确保项目的成功。需要具备以下能力：

1. 团队管理

能够建立和管理高效的测试团队，包括招聘、培训、激励和绩效评估等管理活动。

2. 人才管理

合理规划人才配比，组建梯队式团队，以应对不同项目和任务的需求。

3. 质量管理

建立并维护全面的质量管理体系，确保产品的高质量和稳定性。

4. 战略规划

具备战略规划能力，能够制定长期的发展规划，确保团队和项目的持续成功。

1.5.2 发展路径

1. 企业高层

测试经理可以进一步发展成为测试总监或质量总监，负责更大范围的质量管理和战略规划。

2. 技术专家

选择在某个技术领域深入发展，成为行业内的技术专家或顾问。

CHAPTER 2

第 2 章

初入职场：初级工程师两步走

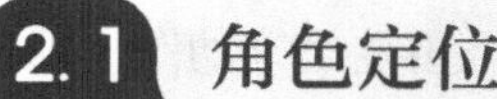

2.1 角色定位

作为刚入职的同学，首要目标就是快速融入团队，这一过程分两个部分：

一部分是与人打交道，得熟悉团队里面每种角色的分工，知道遇到问题后找谁可以协助解决，以及大家之间的协作方式。

另一部分是与业务知识打交道，需要迅速掌握业务知识和相关测试技能。

当快速融入团队后，作为初级测试工程师需要掌握的技能是：执行测试用例、记录发现问题、快速理解需求以及用例平台的使用。

2.2 融入团队

2.2.1 快速熟悉人员

一个完整的项目团队包括：产品人员、对接人、研发人员、测试人员、实施人员，项目内部角色如图 2-1 所示。

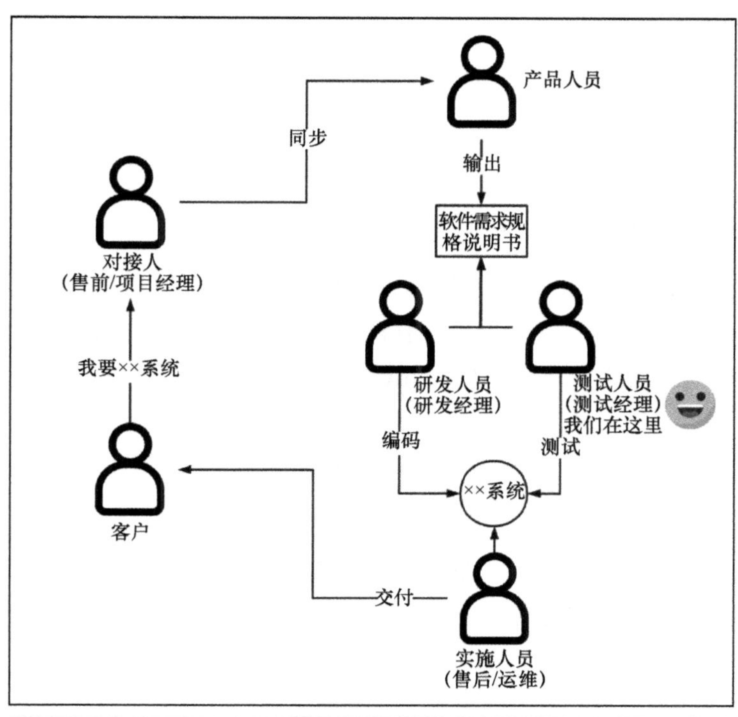

● 图 2-1　项目内部角色

如图 2-1 所示，原始需求来自客户，客户可能会输出一些较粗糙的需求，例：想要 1 个 ERP 系统，它能录入员工的一些信息，然后会在上面做一些报销、请假、员工人事变动等动作，以下角色负责将客户的原始需求进行落实。

1. 对接人

负责将客户原始信息同步给“产品人员”，然后同时监督整个开发、测试、交付周期，确保产品按时交付。

2. 产品人员

依据原始需求再制定出一份更为规范的软件需求规格说明书（简称：需求文档），在制定需求过程中要不断和用户交流确认，同时对“研发人员”与“测试人员”进行需求宣讲，确保研发团队对需求的理解一致。

3. 研发人员

按照“需求文档”进行开发工作，开发出对应的“软件产品”。

4. 测试人员

按照“需求文档”设计对应的测试用例，同时验证“研发人员”的“软件产品”是否符合“需求文档”。

5. 实施人员

等待“测试人员”对“软件产品”验收通过后，再将最终的“软件产品”部署到客户环境内，若后续有问题则会及时去排查、响应问题。

2.2.2 快速熟悉项目

对于刚入职的同学来说，入职第一天除了熟悉项目内部的关键角色后，还需要快速了解项目团队之间的协作方式，说白了就是测试的项目是什么，它有哪些功能，它是如何运行起来的，测试过程中会用到哪些工具以及环境，发现 BUG 后怎么反馈给对应研发？

1. 看文档

关于公司产品的介绍有很多文档，这时需要抓住重点。

通过产品设计文档，让新人知道公司产品基于什么场景、帮哪些人解决什么问题。

通过研发设计文档，让新人知道产品的前端、后端的架构图都包含哪些技术模块，每个技术模块都处理了哪些东西，整个数据流是如何运作的，以及数据库层面涉及哪些表，这些表大致是存储哪块的内容，报错后在哪可以查看日志。

测试用例文档则是帮助新人更加细致地对系统进行更加全面的了解，某个模块应该包含哪些测试场景，执行哪些测试步骤，对应的预期应该是什么。

2. 使用系统

接着是快速使用和了解系统，通过以下几种方式使用系统。

1）在开发或测试环境下使用系统，查看产品官网介绍，查看用户手册以及 FAQ（Frequently Asked Questions）手册。

2）当对系统有了一定了解后，就要找个环境结合用户手册来使用系统的基础功能。

3）若条件允许最好自己搭建一套测试环境，这样能加快对产品的熟悉。

另外关于手册可以从公司官网或者测试人员获取一些用户手册和 FAQ 手册。

3. 寻求帮助

当遇到问题时，先通过查阅产品手册自行解决，无法解决再寻求其他同事帮助，如 QA（Quality Assurance，品质保证）组员/组长、研发人员、产品人员。

使用系统过程中若发现有不理解的地方，则可以找相关人员更加深入地探讨与请教（通常遇到问题后，会整理一份清单，然后单独跟能帮助自己的人约时间，毕竟经常打断别人其实体验也非常不好）。

4. 信息同步

每个团队都会有各类的会议，会议的目的是进行信息同步，这样才能更好理解产品，主要有以下几类会议。

参加 QA 内部会、项目例会、产品需求澄清会、研发设计评审会、测试用例评审会。

当然自己对系统简单使用后，还不能全面、细致地理解系统的一些功能特性以及新需求，这时还需要各种会议来填充对需求理解上的偏差。

5. 同行软件熟悉

其实也可以通过了解或使用竞争对手的软件，这样能更加全面地了解自己的产品，如查看竞争对手的官网关于软件的介绍内容，通过用户手册对产品进行安装与使用。

在使用或测试某块新需求时，总感觉这块内容在设计上很奇怪但具体说不出来哪不好用，这时找到竞争对手的产品，通过竞对（竞争对手）的官网介绍或者下载安装其软件进行使用，这样可以更好地去了解自己公司的设计的产品。

2.3 任务有效执行

2.3.1 用例执行与问题记录

1. 有效记录 BUG

在进行测试时，可能会发现这个 BUG 不是必现的。

A 同学（测试小白）：“发现在添加购物车商品时，出现了商品数量丢失的情况，但这个不是必现的情况，这种情况需要上报 BUG 吗”。

B 同学（测试专家）：“不但要记录而且要去寻找复现条件，不然上线出问题了，埋了一颗定时炸弹”，通用 BUG 模板如表 2-1 所示。

表 2-1　通用 BUG 模板

BUG 描述	一句话概括，什么情况下出现什么问题
复现步骤	BUG 从发生到结束的每一个步骤，具体数据均需描述出来
预期	若没出现 BUG 时产品预期行为或者逻辑
实际测试	根据测试步骤操作后，产品当前的行为或者逻辑
环境信息	记录 BUG 发生的系统版本以及测试环境信息
严重程度	在禅道系统中，BUG 级别被划分为 4 个等级。 ①：致命问题（造成系统崩溃、死机、死循环或数据丢失等）。 ②：严重问题（系统主要功能部分丧失；数据库保存调用失败；用户数据丢失；一级功能菜单不能使用，但不影响其他功能测试）。 ③：一般性问题（功能未实现但不影响使用，功能菜单存在缺陷但不影响系统稳定性等）。 ④：建议问题（界面、性能缺陷等建议类问题，不影响功能执行）
优先级	紧急/高/中/低
负责人	研发负责人
状态	处理中/待验证/已关闭/重复
附件或日志	报错截图或日志 ERROR 信息

“先依葫芦画瓢试试提个 BUG” A 同学自信满满地说到，A 同学提的 BUG 如表 2-2 所示。

表 2-2　A 同学提的 BUG 描述

BUG 描述	将商品添加到购物车时出现商品丢失情况
复现步骤	步骤一、选择商品加入购物车 步骤二、单击“确定”按钮
预期	商品在购物车正常显示且能进行下单支付
实际测试	商品在购物车丢失了
环境信息	测试环境，IP 地址 1.1.1.1
严重程度	2
优先级	高
负责人	小刘
状态	处理中
附件或日志	product.log（1MB）

2. 有效执行用例

B 同学看了 A 同学提的 BUG，微微摇了摇头：“刚刚在本地验证了这个 BUG，确实会偶尔出现购物车添加商品时，商品会丢失的情况。”并给出了一些“建议”：

1）排查是否跟手机系统有关，安卓/苹果等系统都尝试复现一下。

2）排查此问题是否与测试网络有关。

3）是否有其他的动作关联产生，如刷新页面。

4）增加几组测试数据，看是否能提高复现率。

5）增加关键信息描述：在哪个版本上验证的、前后端接口请求传输是否正常、数据库表内值是否有写入。

A 同学听从 B 同学的“建议”，终于复现了这个 BUG，如表 2-3 所示，发现此问题确实跟 WiFi 以及商品数量有一定关系，并且将复现过程步骤以及软件版本新增了进去。

表 2-3　A 同学修改后的 BUG 描述

BUG 描述	频繁刷新页面情况下商品加入购物车，会出现商品丢失情况
复现步骤	步骤一：添加 10 件以上的商品进购物车。 步骤二：检查前端接口与后端接口参数一致。 步骤三：验证几组测试数据： 添加 5 个商品进购物车（尝试添加 3 次，频繁刷新页面）。 添加 10 个商品进购物车（尝试添加 3 次，频繁刷新页面）。 添加 15 个商品进购物车（尝试添加 3 次，频繁刷新页面）
预期	预期一：3 次购物车均出现 5 个商品，并且无论是否刷新页面，展示均正常。 预期二：3 次购物车均出现 10 个商品，并且无论是否刷新页面，展示均正常。 预期三：3 次购物车均出现 15 个商品，并且无论是否刷新页面，展示均正常。 预期四：对应后台 shop_car 表插入数据与页面购物车展示一致
实际测试	实际情况一：3 次购物车均出现 5 个商品，并且无论是否刷新页面，展示均正常。 实际情况二：频繁刷新页面会导致数据出现丢失情况。 实际情况三：频繁刷新页面会导致数据出现丢失情况。 实际情况四：对应后台 shop_car 表插入数据与页面购物车展示一致
环境信息	测试环境：IP 地址 1.1.1.1 软件版本：v2.3.1
严重程度	2
优先级	高
负责人	小刘
状态	处理中
附件或日志	product.log（1MB）

研发小刘通过 BUG 描述以及日志定位了这个 BUG，原因是前端会通过 Session 缓存一些数据，一边加购一边频繁刷新会导致 Session 数据丢失。

3. 总结

在测试用例执行过程中，如果发现 1 个 BUG，需要详细记录：当前测试环境、产品版本信息以及详细的测试步骤；需要比对不同测试数据、不同产品版本；需定位是前端、后端还是数据库层面的问题，以便于研发人员能根据 BUG 描述快速复现问题。这样不仅能节省研发复现问题的时间，同时也能快速帮助研发小伙伴定位问题，还能凸显自身的专业性。

2.3.2 内部之间协作

1. 内部协作的重要性与沟通技巧

在软件测试的过程中，团队内部的协作和沟通至关重要。以下是一个典型的例子，展示了测试人员在处理问题时可能遇到的困境，以及如何通过规范的沟通和文档的支持，提升团队之间的协作效率。

2. 案例回顾

某些情况下测试 A 同学可能会接手测试 B 同学的测试需求，由于不熟悉该模块需求以及原理，所以发现问题后，往往到了研发会被认为是无效 BUG，就像下面的例子。

测试（A）：“小刘，刚刚通过 App 发送短信迟迟没有接收到。”

研发（小刘）：“这块功能在本地调试环境是正常的，没问题啊。”

研发（小刘）：“是不是没有配置短信模板数据？”

A 同学再次确认开启了短信配置模板。

A 同学：“开启了模板仍然不行。”

研发（小刘）：“定时任务有配置吗？后台有生成对应的 crontab 任务吗？”

……

研发（小刘）：“数据库的 user 表有数据吗？”

……

就这样来来回回反复了 5~6 次，仍然没有接收到短信。

A 同学：“确实真的没有收到短信，这块应该有 BUG。”

此时的研发小刘耐心已经被磨平，并且这时刚好正聚精会神地研究一个问题，突然听到“有 BUG”这几个敏感的词汇，内心极度烦躁。

研发（小刘）：“你会不会测试呀？”

最终，确认了这块确实有问题，但 A 同学觉得还是挺委屈的，临时接需求本来也不熟，咨询研发也是正常的事情，没想到会是这样的结果。

3. 提升内部协作的关键步骤

为了避免类似的沟通问题，建议在内部协作中遵循以下几个步骤。

步骤 1：了解背景。这块业务前端后端整体逻辑怎样？数据库表对应有哪些？在哪可以看对应的结果以及程序日志？

步骤 2：找到研发得出结论。与研发确认前端逻辑是管理页面配置定时任务，包含接收手机号/发送时间；后端逻辑是定时任务，会在 Linux 生成 crontab 任务，程序定时触发任务；数据库表包括：手机号存在 user 表、短信模板存在 sms_model 表；通过查看 sms_res 表查发送结果，查看/app/.../send.log 日志检查程序是否正常。

步骤 3：验证逻辑。根据研发所述结论亲自测试一遍流程，确保对应的前端/后端/数据表信息均可按照规则生成，若出现无法接收短信的情况，到对应的 sms_res 以及 send.log 日志查看对应信息。

步骤 4：反馈详细信息。若还出现了问题，则把整个测试过程涉及的配置、步骤、log 等信息一同发给研发同学。

4. 总结

内部之间的协作，一定要求有文档，对于不熟悉模块测试，要先去熟悉该模块的文档，包括测试用例、研发设计或使用文档，通过文档了解清楚后再接手。如果实在没有文档，可以先咨询这块的业务流程逻辑后再开始测试，步骤为：先了解→得结论→验证逻辑→最后再确认。

CHAPTER 3

第3章

小试牛刀：中级工程师四大法宝

3.1 角色定位

1. 设计核心模块测试用例

中级测试工程师在设计核心模块测试用例时，需具备以下技能：

1）需求理解能力：能够深入理解产品需求文档，并从用户角度思考，以确保测试场景的完整性。

2）设计测试用例：能够根据需求设计具有全面覆盖性的测试用例，包括正向逻辑、反向逻辑以及测试数据边界值。

3）技术背景：具备良好的技术基础，能理解软件系统的架构和技术栈，能够针对不同层次的系统进行场景设计。

4）沟通协作能力：能够与产品经理、开发人员等团队成员密切合作，及时反馈问题并协商解决方案。

2. 分析定位问题

中级测试工程师还应具备优秀的排错能力，定位是程序本身问题，还是因为环境配置错误或脏数据导致的无效问题，因此需要掌握以下技能：

1）分析能力：能分析测试结果、日志信息，定位问题的根本原因，并提出解决方案。

2）调试能力：良好的调试技能，运用调试工具分析当前系统运行状态是否异常。

3）架构理解能力：理解系统整体交互逻辑，包括前端、后端、数据库等。

4）团队协作能力：能够与开发团队紧密合作，有效地传递问题，推动问题的解决和修复。

3. 测试环境维护

因为测试活动离不开测试环境，所以中级工程师需要有测试环境维护能力，具体如下：

1）环境搭建能力：能够独立搭建测试环境。

2）故障排除能力：能够发现测试环境异常，分析环境问题的原因并进行解决。

3）文档编写能力：能够编写测试环境相关文档，确保团队成员能够快速上手维护环境。

3.2 不要“凭感觉”写测试用例

3.2.1 软件产品质量模型

经常有人编写测试用例是“凭感觉”去写的，觉得覆盖主要场景就可以了，其实可以参考 ISO 25010 质量模型，它是一个分层的质量模型，从软件的功能性、兼容性、安全性、可靠性、易用性、效率、可维护性、可移植性等八个方面确保软件质量，如图 3-1 所示。

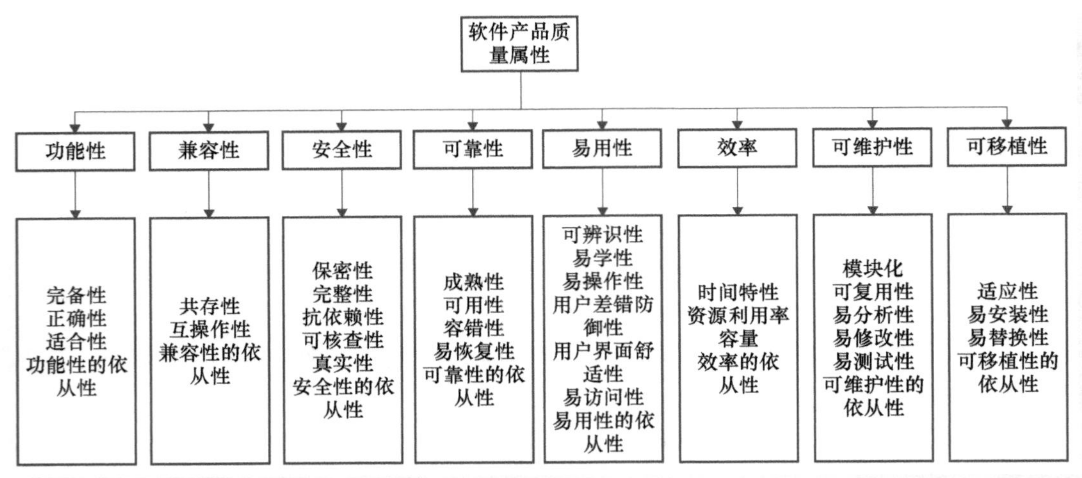

● 图 3-1 软件产品质量属性

接下来以电子邮箱作为示例来看看如何设计它的测试用例。

1. 功能性

定义：软件在指定条件下使用时，满足用户显性及隐性需求的能力，如表 3-1 所示。

表 3-1 软件功能性解释

子属性	子属性描述	解读（以电子邮件系统为例）
完备性	功能集对指定的任务和用户目标的覆盖程度	满足包含显性需求以及隐性需求。 显性需求：“添加附件”“发送邮件”“接收邮件”“读取邮件”等。 隐性需求：“高优先级”“已读回执”“分别发送”等
正确性	产品或系统提供所需精度的正确结果的程度	满足邮箱格式合理验证以及用户准确匹配。 格式合理验证：输入非法邮箱 abc@或 abc@com 会提示非法邮箱格式。 用户准确匹配：输入 wendada@qq.com 后系统匹配到用户列表内的“温大大”名称
适合性	软件功能促使指定的任务和目标实现的程度	软件通过必要步骤就能正常使用，不会有多余的步骤。 发送邮件必要功能：填写收件人、填写内容、单击“发送”按钮就可完成。 非必要功能：单击“发送”按钮前必须查看广告才能进行发送
依从性	产品或系统遵循与功能性相关的标准、约定、法规以及类似规定的程度	邮件系统是否满足相关的法规和标准。 如《中华人民共和国个人信息保护法》《中华人民共和国网络安全法》等，以保证用户的信息安全和通信的合法性

2. 兼容性

定义：软件产品在共享软件或者硬件的条件下，产品、系统或者组件能够与其他产品、系统或组件交换信息，实现所需功能的能力，如表 3-2 所示。

表 3-2　软件兼容性解释

子属性	子属性描述	解读（以电子邮件系统为例）
共存性	在与其他产品共享通用的环境和资源的条件下，产品能够有效执行其所需的功能并且不会对其他产品造成负面影响的程度	可以和其他应用共存（如计算器、闹钟、天气预报）
互操作性	两个或多个系统、产品或组件能够交换信息并使用已交换的信息的程度	可以在不同平台上运行（如 Windows、iOS、Linux、Android）
依从性	产品或系统遵循与兼容性相关的标准、约定、法规以及类似规定的程度	—

3. 安全性

定义：产品或系统保护信息和数据的程度，使用户、其他产品或系统具有与其授权类型或授权级别一致的数据访问度，如表 3-3 所示。

表 3-3　软件安全性解释

子属性	子属性描述	解读（以电子邮件系统为例）
保密性	产品或系统确保数据只有在被授权时才能被访问的程度	电子邮件需具备“用户认证”“权限管理”功能。 登录后才能使用邮箱功能。 个人无法访问其他人邮箱信息，个人邮箱信息其他人也无法查看
完整性	系统、产品或组件防止未授权访问、篡改计算机程序或数据的程度	作为邮箱使用者，个人无法篡改邮箱功能，个人也不能植入非电子邮箱相关的功能
抗依赖性	活动可以被证实且不可被否认的程度	在使用电子邮箱时，可以有一些日志记录：谁在什么时间使用了邮箱
可核查性	实体的活动可以被唯一地追溯到该实体的程度	在使用电子邮箱时，每个账号的信息是唯一的不重复的。 创建个人邮箱时，不能出现重复邮箱名称。 若创建重复邮箱时则需提示：名称重复
真实性	对象或资源的身份表示能够被证实符合其声明的程度	在使用电子邮箱时，每个账号具备真实性，能绑定个人的真实信息。 创建个人邮箱时，需要提供昵称、性别、年龄、邮箱名等信息。 有些系统信息要求较为严格，需考虑添加姓名、身份证等信息

（续）

子属性	子属性描述	解读（以电子邮件系统为例）
依从性	产品或系统遵循与兼容性相关的标准、约定、法规以及类似规定的程度	电子邮件系统需遵循所在国家或地区的法律法规，如《通用数据保护条例（GDPR）》《健康保险携带与责任法案（HIPAA）》等。 系统需确保用户的个人信息得到充分保护，符合GDPR的要求。 若涉及医疗信息传输，需符合HIPAA的规定

4. 可靠性

定义：系统、产品或组件在指定条件、指定时间执行指定功能的程度，如表3-4所示。

表 3-4 软件可靠性解释

子属性	子属性描述	解读（以电子邮件系统为例）
成熟性	系统、产品或组件在正常运行时满足可靠性要求的程度	系统稳定性：电子邮件系统在长时间运行中保持稳定，不出现崩溃或频繁的错误。 错误处理机制：系统应具备良好的错误处理机制，能够及时发现并修复错误，保证正常运行
可用性	系统、产品或组件在需要使用时能够进行操作和访问的程度	高可用性架构：电子邮件系统应设计高可用性架构，确保在用户需要时随时可用。 实时监控与预警：系统应具备实时监控和预警机制，及时发现并解决潜在问题，确保系统的高可用性
容错性	尽管存在硬件或软件故障，系统、产品或组件的运行符合预期的程度	电子邮件系统所在环境突然断电，无法提供服务，邮件客户端有明显的提示服务不可用
易恢复性	在发生中断或失效时，产品或系统能够恢复直接受影响的数据并重建期望的系统状态的程度	电子邮件系统所在环境恢复供电，客户端能再次访问系统
依从性	产品或系统遵循与可靠性相关的标准、约定、法规以及类似规定的程度	遵循行业标准：电子邮件系统需符合行业内的安全和可靠性标准，如ISO/IEC 27001、NIST等

5. 易用性

定义：在指定的使用环境中，产品或系统在有效率性、效率和满意度特性方面为了指定的目标可为指定用户使用的程度，如表3-5所示。

表 3-5 软件易用性解释

子属性	子属性描述	解读（以电子邮件系统为例）
可辨别性	用户能够辨识产品或系统是否适合用户的要求的程度	界面设计：电子邮件系统应有清晰的界面设计，用户能快速辨别主要功能，如收件箱、发件箱、垃圾邮件等。 图标和标签：使用直观的图标和标签，帮助用户轻松找到需要的功能，如“新建邮件”“删除”“回复”等按钮

（续）

子属性	子属性描述	解读（以电子邮件系统为例）
易学性	软件产品或系统能够使用户在特定时间内学会使用特定功能的能力	用户指南和帮助文档：提供详细的用户指南和帮助文档，帮助新用户快速上手使用电子邮件系统。 引导式教程：首次使用时提供引导式教程，逐步介绍主要功能和操作步骤，让用户快速熟悉系统
易操作性	产品或系统具有易于操作和控制的属性的程度	简化操作步骤：电子邮件系统应简化常用操作步骤，如发送邮件、查找联系人、管理邮件等。 直观的导航：提供直观的导航栏和菜单，使用户能够快速访问所需功能
用户差错防御性	系统防御用户犯错的程度	确认提示：在执行重要操作（如删除邮件、发送邮件）时，弹出确认提示，防止误操作。 错误提示信息：当用户输入错误信息（如无效的邮件地址）时，系统应提供明确的错误提示并指导用户纠正错误
用户界面舒适性	用户界面提供令人愉悦和满意的交互程度	界面美观：电子邮件系统应具有美观、现代的界面设计，色彩搭配和布局合理，提升用户体验。 界面一致性：保持界面设计的一致性，避免不同页面风格差异过大，减少用户使用时的困惑
易访问性	在指定的使用环境中，为了达到指定的目标，产品或系统被具有最广泛的特性和能力的个体所使用的程度	辅助功能：提供辅助功能，如屏幕阅读器支持、高对比度模式、放大镜功能等，方便视力障碍用户使用。 键盘快捷键：提供全面的键盘快捷键，使行动不便或使用鼠标困难的用户能够方便操作
依从性	产品或系统遵循与可靠性相关的标准、约定、法规以及类似规定的程度	遵循易用性标准：系统设计应符合国际易用性标准（如 ISO 9241），确保界面和操作的易用性

6. 效率

定义：与指定条件下所使用的资源量有关，如表 3-6 所示。

表 3-6　软件效率性解释

子属性	子属性描述	解读（以电子邮件系统为例）
时间特性	产品或系统执行其功能时，其响应时间、处理时间及吞吐率满足需求的程度	响应时间：用户在单击邮件时，系统能快速响应并显示邮件内容，通常响应时间应在几秒钟内。 处理时间：系统能在短时间内完成邮件发送、接收和处理操作，确保用户体验流畅。 吞吐量：系统能在高峰时期处理大量邮件请求，保证系统的高效运行和用户的及时使用
资源利用率	产品或系统执行其功能时，所使用资源数量和类型满足需求的程度	CPU 使用率：系统在处理邮件时，CPU 使用率应保持在合理范围内，不会因为单个操作而占用过多资源。 内存使用率：系统在运行过程中，应有效管理内存资源，防止内存泄漏和资源浪费。 存储效率：系统应优化邮件存储方式，确保存储空间的高效利用，并提供压缩和归档功能

（续）

子属性	子属性描述	解读（以电子邮件系统为例）
容量	产品或系统参数的最大限量满足需求的程度	用户容量：电子邮件系统应支持大量用户同时在线，提供高并发的服务能力。 数据容量：系统应能够存储和管理大量邮件数据，包括附件、历史邮件记录等，并能有效检索和备份。 扩展性：系统应具有良好的扩展性，能够随用户和数据量的增加进行扩容，保证服务质量
依从性	产品或系统遵循与可靠性相关的标准、约定、法规以及类似规定的程度	系统设计和实现应符合国际或行业性能标准，如 ISO/IEC 25010，确保系统的高效运行

7. 可维护性

定义：产品或系统能够被预期的维护人员修改的有效性和效率的程度，如表 3-7 所示。

表 3-7　软件可维护性解释

子属性	子属性描述	解读（以电子邮件系统为例）
模块化	由多个独立组件组成的系统或计算机程序，其中一个组件的变更对其他组件的影响最小的程度	模块化设计：电子邮件系统应分为多个独立模块，如用户管理模块、邮件处理模块、附件管理模块等，各模块功能明确，依赖关系清晰。 独立开发和测试：每个模块可以独立开发和测试，减少模块间的耦合，降低系统复杂度，提高维护效率
可复用性	资产能够被用于多个系统，或其他资产建设的程度	通用组件：电子邮件系统中一些通用功能（如用户认证、邮件发送功能）应设计为可复用组件，方便在其他项目中使用。 代码库管理：使用代码库管理工具（如 Git）来管理和共享可复用代码，提高开发效率和代码质量
易分析性	可以评估预期变更对产品或系统的影响。诊断产品的缺陷或失效原因、识别待修改部分的有效性和效率的程度	日志记录：系统应有详细的日志记录，便于追踪和分析系统行为，快速定位和解决问题。 监控和告警：通过监控和告警系统，实时了解系统运行状态，及时发现和分析潜在问题
易修改性	产品或系统可以被有效地、有效率地修改，且不会引入缺陷或降低现有产品质量的程度	清晰的代码结构：系统代码应结构清晰、注释充分，便于开发人员理解和修改。 设计模式：使用设计模式（如 MVC 模式）来组织代码，提高系统的可修改性和扩展性
易测试性	能够为系统、产品或组件建立测试准则，并通过测试来确定测试准则是否被满足的有效性和效率的程度	为电子邮件系统编写测试用例，包括功能测试、自动化测试，确保系统各部分功能正常。 测试环境：提供独立的测试环境，模拟真实使用场景，便于进行全面的系统测试
依从性	产品或系统遵循与可靠性相关的标准、约定、法规以及类似规定的程度	系统应有完善的开发文档和维护流程，遵循公司内部或行业标准，确保维护工作的规范性和有效性

8. 可移植性

定义：系统、产品或组件能够从一种硬件、软件或者其他运行（或使用）环境迁移到另一种环境的有效性和效率的程度，如表 3-8 所示。

表 3-8 软件可移植性解释

子属性	子属性描述	解读（以电子邮件系统为例）
适应性	产品或系统能够有效地、有效率地适应不同的或演变的硬件、软件或者其他运行（或使用）环境的程度	跨平台兼容性：电子邮件系统应能在不同操作系统（如 Windows、Linux、macOS）上正常运行，确保系统的广泛适用性。 配置灵活性：系统应能够根据不同的环境需求，灵活配置参数，如数据库链接、服务器地址等，保证系统在各种环境下的正常运行
易安装性	在指定环境中，产品或系统能够成功地安装和/或卸载的有效性和效率的程度	自动化安装脚本：提供自动化安装脚本或安装向导，简化安装过程，减少人为错误，提高安装效率。 依赖管理：系统应管理好各种依赖项，如库和组件，确保在安装过程中自动下载和配置所需依赖，减少安装难度
易替换性	在相同的环境中，产品能够替换另一个相同用途的指定软件产品的程度	模块化设计：电子邮件系统应采用模块化设计，使各个功能模块可以独立替换和升级，减少对其他模块的影响。 接口标准化：系统应提供标准化接口，使不同实现的模块可以无缝替换，如替换邮件服务器、数据库等组件
依从性	产品或系统遵循与可靠性相关的标准、约定、法规以及类似规定的程度	系统设计应遵循开放标准和协议，如 IMAP、SMTP、POP3 等，确保系统的可移植性和互操作性

3.2.2 流程类——路径分析法

上面提到根据软件产品质量模型思考测试点，就像画一朵花，心里先有花的大概轮廓，这些轮廓就等同“测试点”，如图 3-2 所示，有了轮廓后需要画花朵的线条，线条就是“实际测试用例”，如图 3-3 所示。

● 图 3-2 花的轮廓

● 图 3-3 花的线条

对于线条：有直的、弯的、粗的、细的等，所以测试场景也分多种类型：流程类、参数类、数据类以及组合类场景。

对于流程类的，先梳理业务场景，再进行业务建模，然后进行业务路径分析，最后对每个路径进行扩展，以用户登录为例进行说明。

1. 梳理业务模块

通过分析知道用户登录流程包含：用户名及密码校验、用户是否存在校验以及用户注册模块，如表 3-9 所示。

表 3-9 登录业务模块

编　号	业务模块
1	校验用户是否存在
2	校验用户名及密码是否正确
3	注册模块校验用户名及密码是否符合规范

2. 业务建模

开始业务建模，业务处理模块标记为 Process（简称 P，如 P1 表示登录），判断逻辑标记为 Determine（简称 D，如 D1 表示用户是否注册），整体建模如下，如图 3-4 所示。

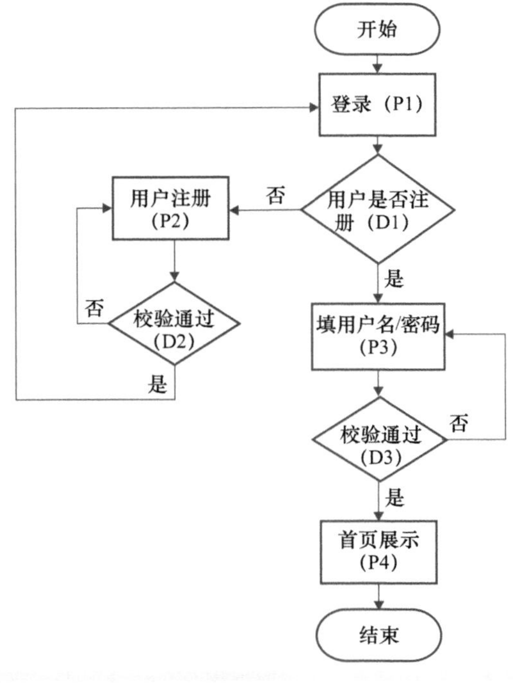

● 图 3-4 登录注册流程

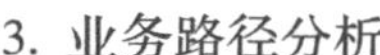

3. 业务路径分析

罗列涉及的业务路径，并且备注场景，如表 3-10 所示。

表 3-10　注册登录用例

编　　号	路　　径	场　　景
1	P1-D1-P3-D3-P4	已注册用户登录成功
2	P1-D1-P3-D3-P3	已注册用户登录失败
3	P1-D1-P3-D3-P3-D3-P4	已注册用户第二次登录成功
4	P1-D1-P2-D2-P2	用户注册失败
5	P1-D1-P2-D2-P1	用户注册成功
6	P1-D1-P2-D2-P1-D1-P3-D3-P3	用户注册成功后，登录失败
7	P1-D1-P2-D2-P1-D1-P3-D3-P4	用户注册成功后，登录成功
8	P1-D1-P2-D2-P1-D1-P3-D3-P3-D3-P4	用户注册成功后，首次失败，第二次成功
……	……	……

4. 扩展用例

部分场景设计不够全面，还需要对其进行扩展，如用户注册失败场景，情况有多种，需要对其扩展，如表 3-11 所示。

表 3-11　注册登录扩展用例

编　　号	场　　景	扩　　展
1	用户注册失败（P1-D1-P2-D2-P2）	输入密码不符合规范
2		前后两次输入密码不一致
3		用户名已经被注册
……		……

3.2.3　数据类——等价类

将测试效果相同的测试输入归为同一类，这种得到的分类就称为“等价类”，所以在每个等价类选中一种测试样本就行了，不需要遍历全部的值。

1. 有效等价类与无效等价类的划分

例如，针对某参数取值范围［-10,10］，按照等价类划分为有效等价类与无效等价类，如表 3-12 所示。

表 3-12　有效等价类与无效等价类范围

有效等价类	无效等价类
［-10,10］	小于-10 或 大于 10

2. 边界值样本

利用边界值为每个等价类选择样本数据，如表 3-13 所示。

表 3-13　有效等价类与无效等价类边界值

有效等价类	无效等价类
−10、0、10	−11、11

3. 中间值样本

同时还需要在有效等价类中选取 1 个中间值的样本数据，如表 3-14 所示。

表 3-14　有效等价类与无效等价类取值

有效等价类	无效等价类
−10、−5、0、6、10	−11、11

4. 等价分析建模

以邮箱注册进行说明，要求 6~8 个字符，包含字母、数字、下画线，以字母开头。

对输入数据进行等价划分，如表 3-15 所示。

表 3-15　邮箱注册取值范围划分

<table>
<tr><th>输入条件</th><th>有效等价类</th><th>编号</th><th>无效等价类</th><th>编号</th></tr>
<tr><td rowspan="7">邮箱名</td><td rowspan="3">6~8 个字符</td><td rowspan="3">1</td><td><6 位</td><td>2</td></tr>
<tr><td>>8 位</td><td>3</td></tr>
<tr><td>空</td><td>4</td></tr>
<tr><td rowspan="3">包含字母、数字、下画线</td><td rowspan="3">5</td><td>除字母、数字、下画线的特殊字符</td><td>6</td></tr>
<tr><td>非打印字符</td><td>7</td></tr>
<tr><td>中文字符</td><td>8</td></tr>
<tr><td>以字母开头</td><td>9</td><td>以数字或下画线开头</td><td>10</td></tr>
</table>

同时再进行测试用例编写，如表 3-16 所示。

表 3-16　邮箱注册用例

编　号	输入数据	覆盖等价类	预期输出
1	test_123	1、5、9	成功注册
2	test	2、5、9	非法输入
3	test_123456789_123456789	3、5、9	非法输入
4	null	4	非法输入
5	test%%123	1、6、9	非法输入

（续）

编　号	输入数据	覆盖等价类	预期输出
6	test 123	1、7、9	非法输入
7	test 哈 123	1、8、9	非法输入
8	123_test	1、5、10	非法输入

3.2.4 组合类——正交分析法

1. 测试用例的组合

当输入的数据有多种条件组合时，那么用例组合可能会有很多。

假设需要对写邮件场景的参数进行测试，参数如下：

1）邮件格式包含：HTML、Plain Text。

2）语言包含：English、French、Spanish。

3）附件类型包含：None、Image、Document。

如果使用全组合测试，需要测试 2 × 3 × 3 = 18 种组合。但通过组合正交法，可以用较少的测试用例来覆盖这些组合。

2. 组合正交法的原理

组合正交法通过选择一个正交数组（Orthogonal Array）来设计覆盖所有参数及其取值范围的测试用例。正交数组是一种矩阵，能够保证在较少的测试用例中尽可能多地覆盖所有参数的不同组合。正交数组中的每一行代表一个测试用例，每一列代表一个参数，每个单元格的值代表该参数的取值。

3. 设计步骤

（1）确定参数和取值

1）邮件格式包含：HTML、Plain Text。

2）语言包含：English、French、Spanish。

3）附件类型包含：None、Image、Document。

（2）使用工具设计用例

需要一个适合三个参数（邮件格式、语言、附件类型）且每个参数有不同取值的正交表。下面使用 Python3 的 allpairspy 包，然后输入参数进行用例设计。

```
from allpairspy import AllPairs

parameters = [
    ["HTML", "Plain Text"],
```

```
    ["English", "French", "Spanish"],
    ["None", "Image", "Document"],
]

print("PAIRWISE:")
for i, pairs in enumerate(AllPairs(parameters)):
    print("{:2d}: {}".format(i, pairs))

if __name__ == '__main__':
    pass
```

输出：

```
PAIRWISE:
0: ['HTML', 'English', 'None']
1: ['Plain Text', 'French', 'None']
2: ['Plain Text', 'Spanish', 'Image']
3: ['HTML', 'Spanish', 'Document']
4: ['HTML', 'French', 'Image']
5: ['Plain Text', 'English', 'Document']
6: ['Plain Text', 'English', 'Image']
7: ['Plain Text', 'French', 'Document']
8: ['Plain Text', 'Spanish', 'None']
```

4. 实际应用中的考虑

在实际应用中，需要根据具体情况决定是否使用组合正交法。对于一些关键功能或高风险区域，可能仍需要进行全组合测试。而对于风险较低的区域或在资源有限的情况下，组合正交法提供了一种有效的方法来最大化测试覆盖率，同时减少测试用例数量。

总结来说，组合正交法不是要完全忽略某些组合，而是通过系统化的方法，确保在减少测试用例数量的同时，仍然能有效地覆盖参数之间的主要交互情况。

3.3 通过“借钱”的方式学习网络知识

3.3.1 测试工程师如何学习网络知识

测试人员核心价值是发现问题，那为什么需要学习网络知识？答案是：更好地模拟测试场景以及更好地定位问题，就像下面的例子：

想象一下，用微信给好友发消息“还钱”，结果对方回“再借 1000”，但如果后端服务器出问题或网络某个环节出现了故障，看到的可能就是：“404 not found”。

这时要排查这个问题，需要知道 HTTP 中请求参数是否正确，要了解数据如何在网络中传输，服务器返回的每种状态码，还要排查是否由于缓存的影响导致的该问题，所以需要了解网络

OSI 七层模型。知道每层的作用，掌握常见网络协议传输的数据以及格式，了解 Cookies 与 Session 的缓存机制，掌握常见的网络工具 Charles、Fiddler、Wireshark 的抓包过程。

3.3.2 OSI 七层网络模型

计算机网络体系结构分 3 种：OSI 体系结构（七层）、TCP/IP 体系结构（四层）、五层体系结构。

OSI 体系结构由国际标准化组织（ISO）于 1984 年制定，用于描述和理解计算机网络体系结构的标准化框架。

TCP/IP 体系结构是互联网标准模型，是借鉴七层 OSI 模型而来。

五层体系结构是结合 OSI 体系结构和 TCP/IP 体系结构演变而来。

计算机网络体系结构如图 3-5 所示。

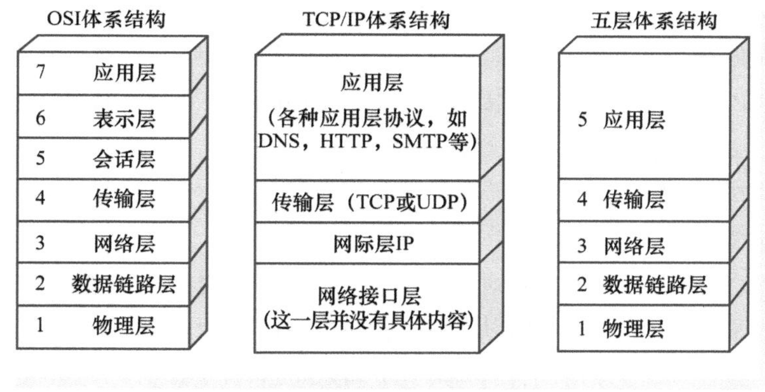

● 图 3-5　计算机网络体系结构

还是沿用上面的例子，当使用通信工具给好友发送“还钱”两个字时，好友那边出现“还钱”两个字，看看七层网络模型是如何工作的，就像是把“还钱”这两个字层层传递一样，如表 3-17 所示。

表 3-17　七层 OSI 模型解释

七层 OSI 模型	理　解	作　用	支持协议
应用层	即人机交互的系统程序窗口，在微信上输入“还钱”，好友微信那边展示“还钱”	提供接口或服务	HTTP/FTP/DNS 等协议
表示层	计算机不理解“还钱”，所以这层主要将“还钱”翻译成计算机能理解的二进制 0 和 1，到了好友那边的计算机再将二进制格式数据转换成应用数据	信息编码与解码	ASCII/JPEG 等协议
会话层	计算机知道要发送的是“还钱”了，发送前需要找到好友的计算机，并建立关系，这就是会话层的作用	建立、维护和管理会话链接	SMTP/DNS 等协议

（续）

七层OSI模型	理　解	作　用	支持协议
传输层	让同一个软件的两个端口进行传输，用微信专用端口发送消息，好友用微信专用端口接收	建立、维护和管理端到端的链接	TCP/UDP 等协议
网络层	微信用户成千上万，中间还存在其他用户，如何能让消息发送到好友微信上，这就需要知道本机 IP 和好友的 IP，还要选择最优线路传输数据，这就是网络层	IP 寻址和路由选择	IP/ARP 等协议
数据链路层	将网络层数据转换成物理层数据	对物理层传输进行差错检测、流量控制	PPP/HDLC 等协议
物理层	数据通过网线、光纤进行传输到好友所在区域	用于传输比特流	RS232/RS422 等协议

在实际场景中，传输层、网络层以及应用层中的协议是比较常用的，在测试过程中经常会用来排查问题。

例如：HTTP 请求失败后，通过返回码判断是服务端还是客户端的问题。

例如：两个服务器 IP 地址不通时需要根据 IP 层协议判断网络之间的路由是否不通，以及网络存在抖动时，TCP 会出现无法建立链接的情况。以上情况都需要通过网络协议去排查。

3.3.3 掌握 HTTP

1. HTTP 基础概念

HTTP 是互联网上应用最为广泛的网络协议之一，主要负责 Web 客户端与服务器之间的通信。以下是 HTTP 每个版本的发布年份以及特点，如表 3-18 所示。

表 3-18　HTTP 每个版本的发布年份以及特点

版本	发布年份	主要特性和变化
HTTP/0.9	1991	最早的 HTTP 版本，仅支持 GET 请求，没有 Header 等概念
HTTP/1.0	1996	引入多种 HTTP 方法、Header 字段、状态码等。每个请求/响应建立一个新的 TCP 链接，非持久链接
HTTP/1.1	1997	引入持久链接，重用 TCP 链接以减少延迟。引入管道化（Pipelining）允许同时发送多个请求。引入 Host 头，以支持多个虚拟主机在同一 IP 地址上
HTTP/2	2015	改进性能，引入二进制传输、Header 压缩、多路复用等特性。所有数据通过单一的链接并发传输，减少延迟
HTTP/3	2020	使用 QUIC 协议，基于 UDP，旨在减少链接建立时的延迟。引入流量控制和错误修复等特性

其中 HTTP/1.0 和 1.1 版本在互联网上被广泛使用，大多数 Web 应用程序使用 GET、POST、PUT 和 DELETE 等核心方法。

2. HTTP 常见方法

HTTP 有 GET、POST、PUT 和 DELETE 等方法，以下有一些示例。这些示例基于 curl 工具发送请求，同时请求地址均为 JSONPlaceholder 官网示例。它提供了一个 RESTful API，用于测试和原型设计，可以模拟常见的 HTTP 请求和响应。

（1）GET 方法示例

```
# 使用 curl 发送 GET 请求,获取一个公开的 API 信息
curl -X GET https://jsonplaceholder.typicode.com/posts/1
```

返回：

```
{
    "userId": 1,
    "id": 1,
    "title": "sunt aut facere repellat ......reprehenderit",
    "body": "quia et suscipit \nsuscipit.....rem eveniet architecto"
}%
```

（2）POST 方法示例

```
# 使用 curl 发送 POST 请求,创建一个新的待办事项
curl -X POST -H "Content-Type: application/json" \
-d '{"title": "Learn HTTP", "completed": false}' \
https://jsonplaceholder.typicode.com/todos
```

返回：

```
{
"title": "Learn HTTP",
"completed": false,
"id": 201
}%
```

（3）PUT 方法示例

```
# 使用 curl 发送 PUT 请求,更新一个待办事项的信息
curl -X PUT -H "Content-Type: application/json" \
-d '{"title": "Learn HTTP", "completed": true}' \
https://jsonplaceholder.typicode.com/todos/1
```

返回：

```
{
    "title": "Learn HTTP",
    "completed": true,
    "id": 1
}%
```

（4）DELETE 方法示例

```
# 使用 curl 发送 DELETE 请求,删除一个待办事项
curl -X DELETE https://jsonplaceholder.typicode.com/todos/1
```

返回：

```
{}%
```

3. HTTP 常见状态码

状态码是 HTTP 响应的一部分，它提供了关于请求状态的信息。返回的状态码分为五个主要的类别：1xx（信息）、2xx（成功）、3xx（重定向）、4xx（客户端错误）、5xx（服务器错误）。

1）1xx - Informational：表示请求已被接收，继续处理。

2）2xx - Success：表示请求已成功被服务器接收。

3）3xx - Redirection：表示需要客户端采取进一步的操作来完成请求。

4）4xx - Client Error：表示客户端发生了错误，包括未授权、请求无效等情况。

5）5xx - Server Error：表示服务器在处理请求时发生错误。

更多状态码信息可参考 https://developer.mozilla.org/en-US/docs/Web/HTTP/Status。

4. HTTP 请求与响应

HTTP 请求和响应通常由请求头、请求体、响应头和响应体组成。以下是它们各自的详细说明和示例。

（1）请求头（Request Headers）

请求头包含关于客户端和请求本身的信息。

示例：

```
GET /index.html HTTP/1.1
Host: www.example.com
User-Agent: Mozilla/5.0 Gecko/20100101 Firefox/100.0
Accept:text/html,application/xhtml+xml,application/xml;q=0.9,image/webp,*/*;q=0.8
```

特别注意，在自动化接口请求中，通常会将用户登录成功后的 Session 信息存放在请求头内，便于一些 API 接口的请求操作。

（2）请求体（Request Body）

请求体包含实际发送给服务器的数据，通常在 POST、PUT 等请求中使用。

示例：

```
POST /submit-form HTTP/1.1
Host: www.example.com
Content-Type: application/json
{"username": "john_doe", "password": "secretpassword"}
```

（3）响应头（Response Headers）

响应头包含关于服务器的信息。

示例：

```
HTTP/1.1 200 OK
Date: Tue, 15 Feb 2022 12:00:00 GMT
Server: Apache/2.4.38 (Unix)
Content-Type: text/html; charset=utf-8
Content-Length: 1234
```

（4）响应体（Response Body）

响应体包含服务器返回给客户端的实际数据。

示例：

```
HTTP/1.1 200 OK
Content-Type: application/json

{"status": "success", "message": "Resource retrieved successfully", "data": {"id": 123,
"name": "Example"}}
```

特别注意，无论是请求还是响应都可能出现 Content-Type 字段，用来定义网络中的文件编码，决定浏览器将以什么编码读取这个文件。

常见媒体类型如下：

1）text/html：HTML 格式。

2）text/plain：纯文本格式。

3）text/xml：XML 格式。

4）image/gif：gif 图片格式。

5）image/jpeg：jpg 图片格式。

6）image/png：png 图片格式。

以 application 开头的媒体类型：

1）application/xhtml+xml：XHTML 格式。

2）application/xml：XML 数据格式。

3）application/atom+xml：Atom XML 聚合格式。

4）application/json：JSON 数据格式。

5）application/pdf：pdf 格式。

6）application/msword：Word 文档格式。

7）application/octet-stream：二进制流数据（如常见的文件下载）。

8）application/x-www-form-urlencoded：数据被编码为 key/value 格式并发送到服务器。

另外一种常见的媒体格式是上传文件时使用：multipart/form-data，在表单中进行文件上传时就需要使用该格式。

5. HTTP 缓存机制

HTTP 缓存的相关知识对于理解和管理测试场景非常重要。以下是测试中可能会遇到的

HTTP 缓存相关知识。

（1）缓存控制头

在 HTTP 请求和响应中，缓存控制头（如 Cache-Control 和 Expires）用于定义资源的缓存策略，以及在测试中可能需要验证的内容。

（2）强制缓存

通过 Cache-Control 头中的 max-age 或 Expires 头，服务器可以指示客户端在一段时间内使用缓存而不去验证资源的有效性。

（3）协商缓存

通过 Etag 和 Last-Modified 等，服务器可以使用协商缓存机制，让客户端根据资源的变化情况决定是否使用缓存。

（4）测试缓存失效

在自动化测试中，需要确保在资源发生更改时缓存得到正确的更新。这涉及强制刷新缓存或者在每个测试运行前禁用缓存。

（5）Cookies 和 Session 管理

Cookies 和 Session 机制是在服务端和客户端之间通过 HTTP 头进行通信的一种方式。它们通常用于维护用户状态和进行标识。

Cookies：

1）服务器通过 Set-Cookie 响应头发送 Cookie 到客户端。

2）客户端通过 Cookie 请求头将之前存储的 Cookie 发送回服务器。

Session：

1）服务器在创建 Session 时生成唯一标识（Session ID）并发送给客户端。

2）客户端将 Session ID 存储在 Cookie 中或通过 URL 参数传递。

3）服务器通过 Session ID 来识别用户，并在服务端存储用户状态信息。

3.3.4 传输层协议：TCP/UDP

1. TCP/UDP 区别与应用场景

TCP（传输控制协议）和 UDP（用户数据报协议）是两种主要的传输层协议，两者差异以及应用场景如表 3-19 所示。

表 3-19　TCP 与 UDP 差异

属性	TCP	UDP
链接	面向链接的传输层协议	不需要链接，即刻传输数据
服务对象	一对一的两点服务	可以是一对一、一对多或多对多
可靠性	数据无差错，不丢失、不重复	可能会丢失

（续）

属性	TCP	UDP
流量控制	拥有流量控制，保证数据传输安全性	没有流量控制，即使网络拥塞了也不影响 UDP 发送
传输方式	流式传输，保证顺序和可靠	一个包一个包发送，可能会丢包或乱序
首部开销	首部没有使用选项是 20 个字节	首部只有 8 个字节，固定不变
分片不同	TCP 数据大于 MSS，在传输层会进行分片	UDP 数据大于 MTU，会在 IP 进行分片
应用场景	FTP 文件传输 HTTP/HTTPS	DNS 域名转换 SNMP 网络管理

由表 3-19 可知，UDP 是一种“尽力传递”“不可靠”且“非常快速”的协议，而 TCP 是一种“单点”“可靠”但“传输速度较慢”的协议。

2. TCP 重要的 3 次握手

当程序出现 BUG 时，需要去定位问题：如果客户端有发送请求，但迟迟未收到服务器的响应，这时就需要抓包定位。而抓取来的包分为两种数据：一种是业务数据，另一种是 TCP 请求建立链接的数据，如果因为网络等原因，链接无法建立是无法发送数据的，所以需要理解 TCP 是如何建立链接的以及其中的 3 次握手。

其实 TCP 进行 3 次握手的目的是确认双方接收与发送能力是否都正常，举个例子：面试官与求职者小陈打电话约面试的场景。

面试官：你好小陈同学，能听到我讲话吗（1 次握手）？

小陈：听到了，你能听到我讲话吗（2 次握手）？

面试官：能听到，本周三下午 2 点有空来××地点现场面试吧（3 次握手）！

由上面的例子可以知道 3 次语音的目的是确认双方接收正常，如图 3-6 所示。

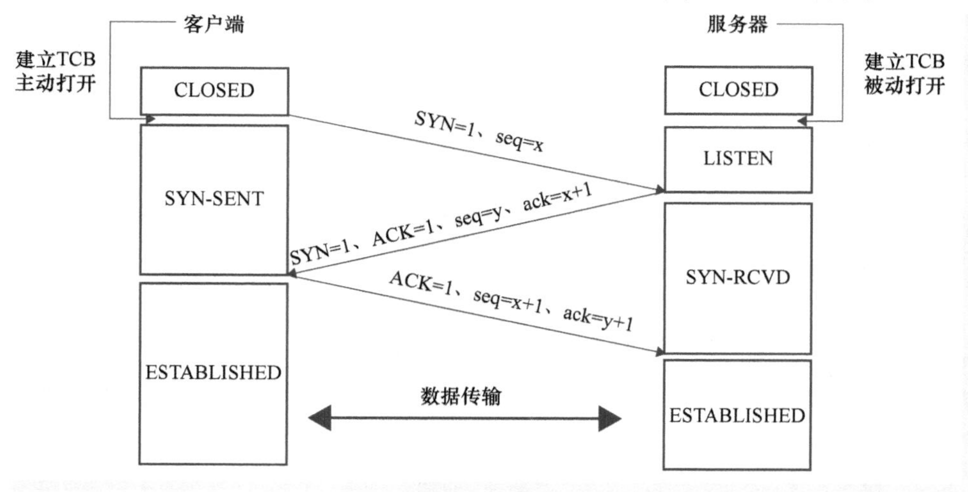

● 图 3-6　客户端与服务器通过 TCP 建立链接的流程

第一次握手 TCP 客户端进程也是先创建传输控制块 TCB，然后向服务器发出链接请求报文，这是报文首部中的同部位 SYN=1，同时选择一个初始序列号 seq=x。此时，TCP 客户端进程进入 SYN-SENT 同步已发送状态。

第二次握手 TCP 服务器收到请求报文后，如果同意链接，则会向客户端发出确认报文。确认报文中 ACK=1、SYN=1，确认号是 ack=x+1，同时也要为自己初始化一个序列号 seq=y。此时，TCP 服务器进程进入 SYN-RCVD 同步收到状态。

第三次握手 TCP 客户端收到确认后，还要向服务器给出确认。确认报文中的 ACK=1、ack=y+1，自己的序列号 seq=x+1。此时，TCP 链接建立，客户端进入 ESTABLISHED 状态。

3. UDP 交互过程

UDP 是无链接、不可靠的传输层协议，以下是它的一些特点：

1）UDP 通信不需要建立链接，因此不需要进行 connect（）操作。

2）UDP 通信过程中，每次都需要指定数据接收端的 IP 和端口，和寄快递差不多。

3）UDP 不对收到的数据进行排序，在 UDP 报文的首部中并没有关于数据顺序的信息。

4）UDP 对接收到的数据不回复确认信息，发送端不知道数据是否被正确接收，也不会重发数据。

5）如果发生了数据丢失，不存在部分丢失的情况，如果发生数据丢失，当前这个数据包就全部丢失了。

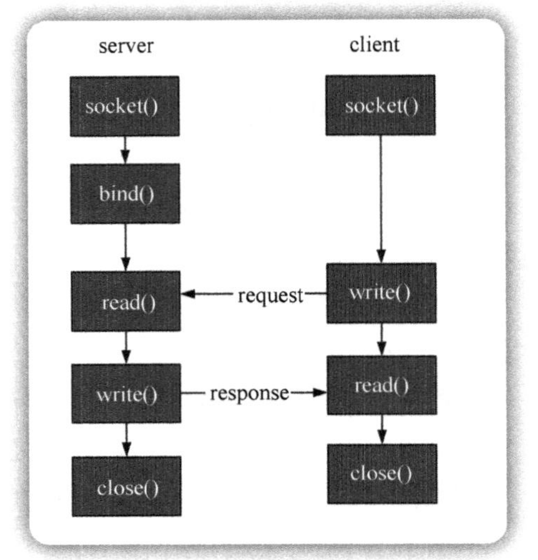

• 图 3-7 UDP 通信流程

6）整体通信流程，如图 3-7 所示。

整体步骤如下，如表 3-20 所示。

表 3-20 UDP 通信整体步骤

步骤	服 务 端	客 户 端
1	建立通信套接字：socket()	建立通信套接字：socket()
2	套接字与本地 IP、端口绑定：bind()	等待链接
3	进行通信接收/发送：read()、write()	进行通信接收/发送：read()、write()
4	关闭套接字：close()	关闭套接字：close()

3.3.5 网络层协议：IP/ARP

当测试环境网络不通时，或者加载网页卡顿时就需要去排查网络问题。排查之前需要了解网络传输中的集线器、交换机、路由器、子网等概念。

1. 物理层传输

最初局域网通过网线进行通信，直接串联每台计算机的网络接口，如图 3-8 所示。

随着计算机增多，为了方便管理又出现了集线器，每台计算机的网络接口都连接到集线器上，它负责将信号从所有端口转发。因为没有任何处理，所以处于物理层，转发时将计算机的 MAC 地址带上就知道这个数据包是不是自己的了，如图 3-9 所示。

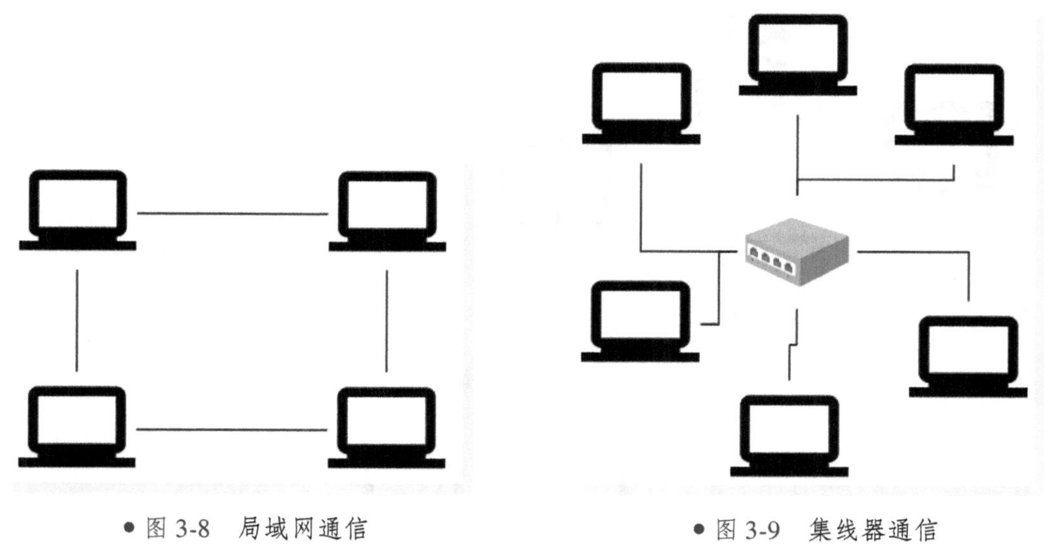

● 图 3-8 局域网通信 ● 图 3-9 集线器通信

其中传输的数据包数据格式包含：源 MAC 地址以及目标 MAC 地址，如图 3-10 所示。

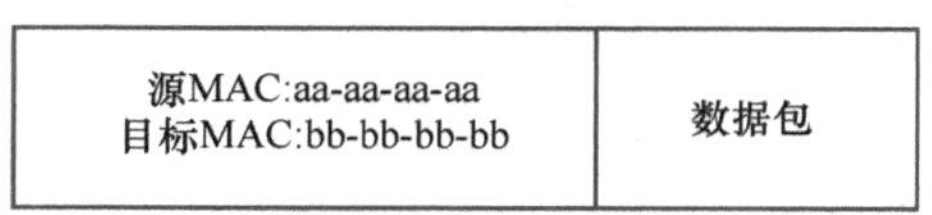

● 图 3-10 集线器传输数据包数据格式

后来考虑到信息安全以及传输成本的问题，交换机出现了，这样就不用在所有端口进行转发，它能记录 MAC 地址与端口的映射关系，如图 3-11 所示。

2. 网络层传输

上面提到的集线器与交换机的物理层网络，实际网络中会存在成千上万的设备，并且都是带 IP 地址的。为了解决网络层 IP 通信的问题，路由器出现了。

路由器输入的数据格式包含 MAC 地址与 IP 地址，看一个示例场景，设备 A 与设备 B 通过交换机相连，交换机连接路由器端口 1，设备 C 与设备 D 通过另 1 台交换机相连，这台交换机连接路由器端口 2，如图 3-12 所示。

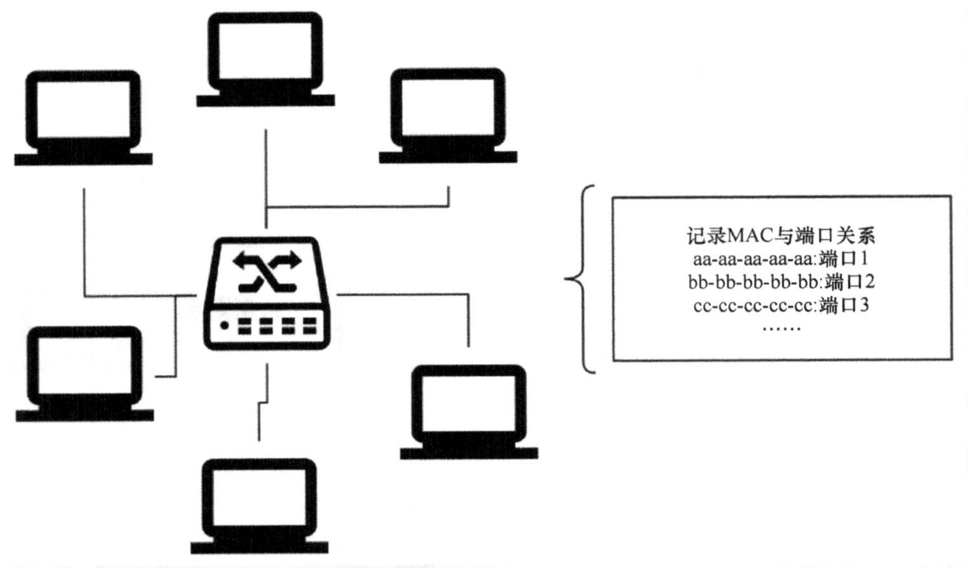

• 图 3-11　交换机传输数据格式

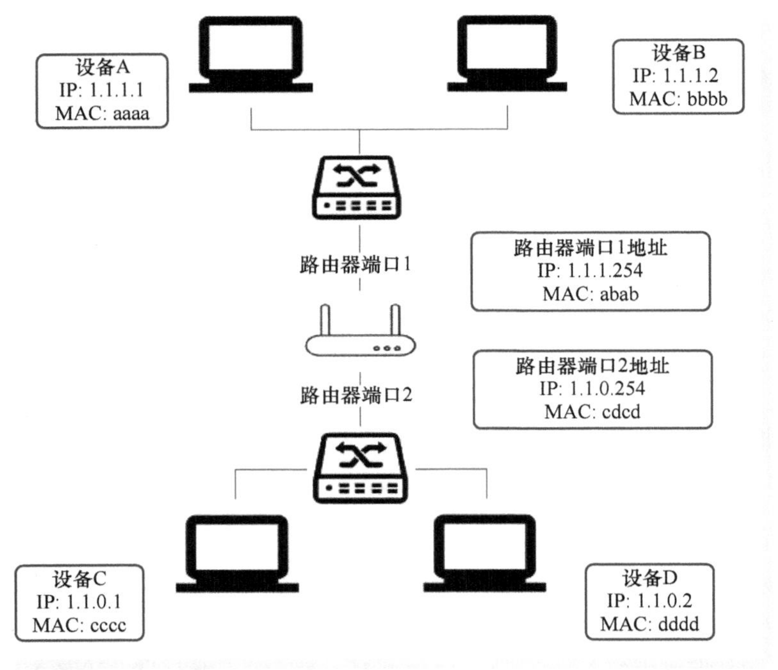

• 图 3-12　示例场景

A 向 C 发送数据，A 先给路由器，然后由路由器转给 C，其中 A 发送给路由器的数据如图 3-13 所示。

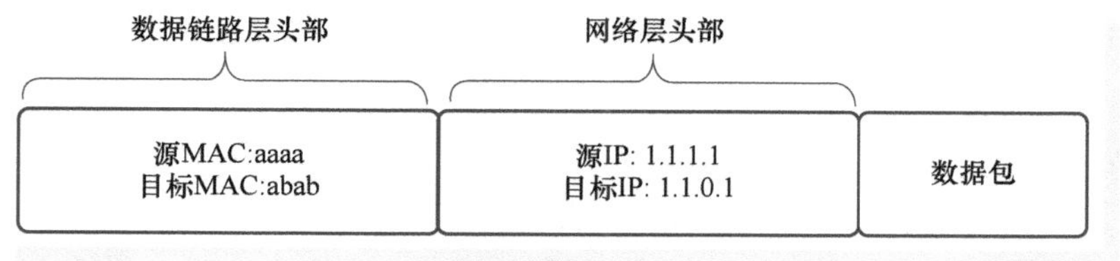

● 图 3-13　A 向路由器发的数据

路由器转给 C 的数据如图 3-14 所示。

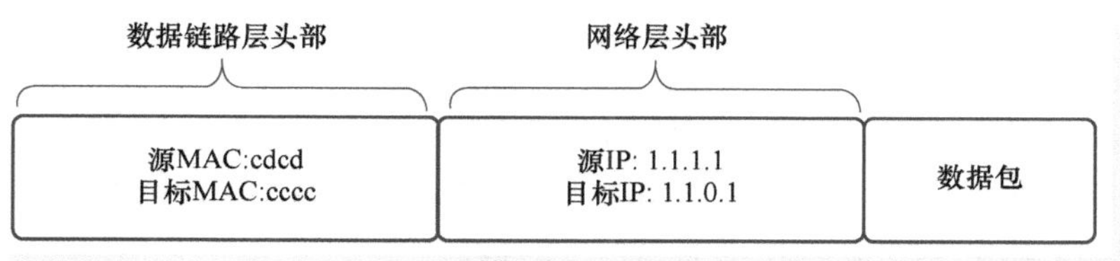

● 图 3-14　路由器向 C 发的数据

A 到 C 时经过路由器，路由器会判断源与目标 IP 是否在一个子网，如在同一个子网则通过交换机发送出去，如不在同一个子网则需要路由转发。

如下所示：

1.1.0.1 与 1.1.0.2 在同一个子网。

1.1.0.1 与 1.1.1.1 不在同一个子网。

如何计算 IP 是否在同一个子网，这需要根据子网掩码得出，将源 IP 与目标 IP 分别与子网掩码进行“与运算”后，得出地址若相同则表示在同一个子网内，假设图中子网掩码都是 255.255.255.0，那么：

A 计算机：1.1.0.1 & 255.255.255.0 = 1.1.0.0。

B 计算机：1.1.0.2 & 255.255.255.0 = 1.1.0.0。

C 计算机：1.1.1.1 & 255.255.255.0 = 1.1.1.0。

D 计算机：1.1.1.2 & 255.255.255.0 = 1.1.1.0。

所以得出结论 A、B 在同一个子网，A、C 不在同一个子网。

3.3.6　缓存机制：Cookies 与 Session

当关闭浏览器或重新启动计算机后，再次打开同一个网站时，会发现自己依然是登录状态。这是因为网页背后有一种机制在默默地记录这些信息。这种机制主要依赖于 Cookies 和 Session。

1. 什么是 Cookies

Cookies 是存储在计算机或其他设备上的小文本文件。当访问一个网站时，网站会在设备上创建一个 Cookie 文件，里面包含一些网站需要记录的信息，比如登录状态、偏好设置、购物车内容等。

举个例子：

假设浏览了一家网上商店，并且添加了一些商品到购物车里。当关闭浏览器再重新打开这个网站时，会发现购物车里的商品还在。这是因为在上次访问网站时，在设备上保存了一个 Cookie 文件，里面记录了购物车的内容。当再次访问时，网站可以读取这个 Cookie 文件，并把购物车的状态恢复出来。

2. 什么是 Session

Session（会话）则是一种在服务器端存储用户数据的机制。当访问网站时，服务器会创建一个唯一的 Session ID，并把这个 ID 发送给浏览器。浏览器会用一个 Cookie 文件把这个 Session ID 保存下来。每次访问这个网站时，浏览器会把这个 Session ID 发送回服务器，服务器通过这个 Session ID 来识别，并获取存储在服务器端的相关数据。

举个例子：

在一个需要登录的论坛上发帖。登录时，服务器会创建一个 Session 并保存登录状态。然后，会把 Session ID 发送给浏览器。当再次在这个论坛上浏览其他页面时，浏览器会把 Session ID 发送回服务器，服务器通过 Session ID 知道是谁，并允许继续发帖或进行其他操作。

3. Cookies 与 Session 的存在一些区别：

（1）安全性

1）Cookies 存储在用户的设备上。

2）Session 存储在服务器上。

（2）安全性

1）Cookies 因为存储在用户设备上，容易被盗取或篡改，因此在存储敏感信息时安全性较低。

2）Session 存储在服务器端，相对来说更安全，用户无法直接访问或修改。

（3）生命周期

1）Cookies 的生命周期可以由开发者设置，可以是几分钟、几天甚至更长时间。

2）Session 通常在用户关闭浏览器后或在一段时间内未活动后自动失效。

（4）使用场景

1）Cookies 适合存储一些长期存在的、非敏感的数据，如用户设置偏好、语言选择等。

2）Session 适合存储一些敏感的、需要短期保存的数据，如用户的登录状态、购物车信息等。

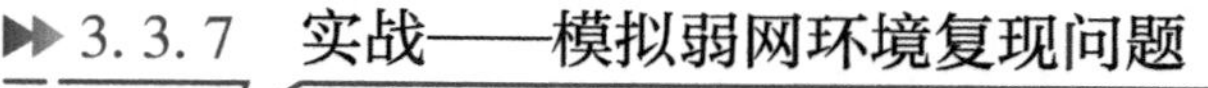

3.3.7 实战——模拟弱网环境复现问题

以下是笔者在工作中的真实案例，通过对网络弱网模拟发现数据上传会重复两次，从而导致脏数据。

1. 场景描述

应用中有个上传数据的功能，但在弱网环境下，用户反馈上传失败率高，并且有时会出现数据重复的问题。为此，需要模拟弱网环境进行测试，找出问题并提出解决方案。

2. 使用弱网工具进行模拟

选择使用 Charles 工具来模拟弱网环境。

3. 模拟弱网步骤

（1）配置 Charles Proxy

1）打开 Charles Proxy。

2）在菜单栏中选择 Proxy -> Throttling Settings 选项。

3）勾选 Enable Throttling 复选框，并设置 Bandwidth、Round-trip Latency、MTU 等参数来模拟不同的网络速度和延迟。如 Bandwidth：100 kbit/s（模拟 3G 网络）；Round-trip Latency：500 ms；MTU：1500 B。

（2）开始捕获流量

1）确保 Charles Proxy 开始捕获流量（Start Recording）。

2）在设备上配置 Charles Proxy 作为 HTTP 代理，这样所有网络流量都会经过 Charles。

4. 分析问题

通过模拟弱网环境进行测试，发现数据上传过程中，由于失败重传机制导致连续两次写操作，并且未做唯一识别处理，造成了数据重复的问题。

5. 问题原因

1）失败重传机制：在弱网环境下，数据上传失败后，系统会自动重试上传。

2）未做唯一识别处理：系统在进行重试时，没有对数据做唯一性检查，导致相同的数据被多次写入。

6. 解决方案

解决数据重复的问题。根据数据特性，对可能造成脏数据的地方，通过关键字段（如创建时间、key-value 值等）生成 hash 键，标记记录唯一性，通过此方式避免了弱网环境出现的数据重复问题。

7. 总结

通过模拟弱网环境，成功发现了数据上传过程中存在的重复写入问题。利用 Charles 工具，能够有效模拟各种网络条件，确保应用在不同环境下的稳定性和可靠性。通过生成和检查 hash 键的解决方案，能够有效防止数据重复，保证数据的一致性和完整性。

3.4 “吃透”一种数据库核心知识点

3.4.1 测试工程师如何学习一门数据库

选择学习应用广泛的 MySQL 数据库，可以让读者在学习数据库技术的道路上事半功倍。MySQL 以其领先的行业地位和丰富的功能，成为学习数据库的理想选择。

作为测试工程师学习数据库的目的就是构造数据、验证数据。就像做饭一样，得知道怎么搭配食材、怎么调味，才能做出一道美味的菜肴。同样，也要知道怎么在数据库中创建、修改、删除数据，才能确保程序的输入和输出都符合预期，找到 BUG。

当然，还需要了解一些 SQL 索引知识。这就像在菜肴中添加一些调料，可以让菜的味道更好。同样地，在性能测试时，如果能优化一下 SQL 语句，就可以让测试更高效，这也是从中级测试工程师向高级测试工程师转变的重要步骤。

可参考以下学习计划：

1）首先理解 MySQL 基础概念，学习安装和配置 MySQL 服务，学习如何管理数据库，掌握数据库、表以及基础 SQL 操作。

2）学习一些进阶的知识，如复杂 SQL、子查询、联合查询和窗口函数等。

3）学习索引以及查询性能优化（性能测试中一般会用到查询性能优化）。

4）学习数据库备份以及恢复（用于测试环境的数据备份与恢复）。

3.4.2 MySQL 基础概念及安装

1. 基础概念

MySQL 是一种关系型数据库管理系统，由 Oracle 公司开发和维护，有以下一些基础概念。

（1）数据库（Database）

数据库是一个组织和存储数据的集合，通常包含多个表。

（2）表（Table）

表是数据库中的一种结构，用于组织和存储数据。每个表由行和列组成。

（3）列（Column）

列是表中的一个字段，用于存储特定类型的数据。每一列有一个数据类型，如整数、字符串、日期等。

（4）行（Row）

行是表中的一个记录，包含了各个列的具体数据。

（5）主键（Primary Key）

主键是表中的一个唯一标识符，用于唯一标识每一行数据。主键保证了数据的唯一性和完整性。

以下是基础概念的示意结构：

数据库（Database）

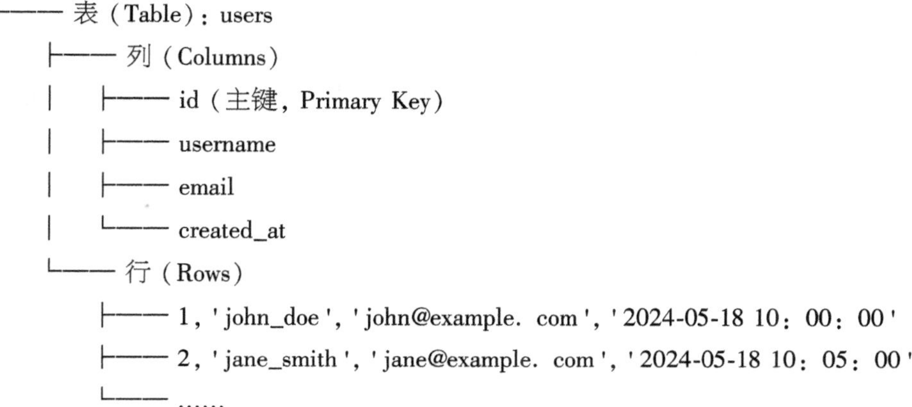

```
└─── 表（Table）：users
     ├─── 列（Columns）
     │    ├─── id（主键，Primary Key）
     │    ├─── username
     │    ├─── email
     │    └─── created_at
     └─── 行（Rows）
          ├─── 1，'john_doe'，'john@example.com'，'2024-05-18 10：00：00'
          ├─── 2，'jane_smith'，'jane@example.com'，'2024-05-18 10：05：00'
          └─── ……
```

```
└─── 表（Table）：orders
     ├─── 列（Columns）
     │    ├─── order_id（主键，Primary Key）
     │    ├─── user_id（外键，Foreign Key referencing users.id）
     │    ├─── product_name
     │    └─── order_date
     └─── 行（Rows）
          ├─── 101，1，'Laptop'，'2024-05-18 11：00：00'
          ├─── 102，2，'Smartphone'，'2024-05-18 11：10：00'
          └─── ……
```

示意结构解释：

1）数据库：整体容器，如 Database。

2）表：在数据库中定义的数据结构，如 users 和 orders。

3）列：表中的字段，定义了数据属性，如 id、username、email、created_at。

4）行：表中的数据记录，每行包含一组列的具体数据，如（1，'john_doe'，'john@example.com'，'2024-05-18 10：00：00'）。

5）主键：唯一标识表中每行数据的列，如 users 表中的 id 列、orders 表中的 order_id 列。

6）外键：引用另一个表中主键的列，用于建立表之间的关系，如 orders 表中的 user_id 列引用 users 表中的 id 列。

2. Linux 安装 MySQL

以 Linux 的 CentOS7 版本安装 MySQL8.0 为例。

(1) 更新系统包

```
sudo yum update
```

(2) 添加 MySQL Yum 存储库

下载 MySQL Yum 存储库包地址为 wget https://dev.mysql.com/get/mysql80-community-release-el7-3.noarch.rpm。

(3) 安装下载的包

```
sudo rpm -Uvh mysql80-community-release-el7-3.noarch.rpm
```

(4) 安装 MySQL 服务器

```
sudo yum install mysql-server
```

(5) 启动 MySQL 服务

启动 MySQL:

```
sudo systemctl start mysqld
```

确保 MySQL 开机启动:

```
sudo systemctl enable mysqld
```

(6) 获取临时 root 密码

安装 MySQL 后，临时 root 密码会存储在 MySQL 日志文件中。用以下命令查看密码:

```
sudo grep 'temporary password' /var/log/mysqld.log
```

(7) 运行安全安装脚本

使用获取到的临时密码运行 MySQL 安全安装脚本:

```
sudo mysql_secure_installation
```

按提示进行设置，如设置新的 root 密码、删除匿名用户、禁止 root 远程登录等。

(8) 链接 MySQL

使用新的 root 密码链接 MySQL:

```
mysql -u root -p
```

3.4.3 MySQL 基础 SQL 语法

要学习 MySQL 的 SQL 语法，首先需要掌握如何创建、删除和修改数据库及其内部的表结构。以下是相关的基本操作。

（1）基础语法

1）创建数据库 SQL 语句如下。

```
CREATE DATABASE mydatabase;
```

2）删除数据库 SQL 语句如下。

```
DROP DATABASE mydatabase;
```

3）选择数据库 SQL 语句如下。

```
USE mydatabase;
```

4）创建表 SQL 语句如下。

```
CREATE TABLE users (
    id INT AUTO_INCREMENT PRIMARY KEY,
    username VARCHAR(50) NOT NULL,
    email VARCHAR(100),
    created_at TIMESTAMP DEFAULT CURRENT_TIMESTAMP
);
```

5）删除表 SQL 语句如下。

```
DROP TABLE users;
```

6）修改表结构 SQL 语句如下。

添加列：

```
ALTER TABLE users ADD COLUMN age INT;
```

删除列：

```
ALTER TABLE users DROP COLUMN age;
```

（2）数据操作语句

在管理数据库时，除了创建和修改结构，还需要进行数据的增删查改操作。

1）插入数据 SQL 语句如下。

```
INSERT INTO users (username, email) VALUES ('john_doe', 'john@example.com');
```

2）查询数据 SQL 语句如下。

查询所有列：

```
SELECT * FROM users;
```

查询特定列：

```
SELECT username, email FROM users;
```

使用条件查询：

```
SELECT * FROM users WHERE id = 1;
```

3）更新数据 SQL 语句如下。

```
UPDATE users SET email = 'john_doe@example.com' WHERE id = 1;
```

4）通过 where 条件删除数据 SQL 语句如下。

```
DELETE FROM users WHERE id = 1;
```

3.4.4 MySQL 索引

提高数据库查询效率的关键是理解并有效使用索引。

1. 基础概念

(1) 什么是索引

索引就像一本书的目录。想找到书中的某个话题，通过目录可以快速定位到具体的页码，而不需要从头到尾翻阅整本书。数据库索引的作用也是一样的，它可以帮助用户快速找到需要的数据。

(2) 为什么需要索引

当数据量很大时，查找数据就像在成千上万页的书中找一个单词，如果没有目录，需要一页一页翻，非常耗时。索引可以显著加快查询速度，避免全表扫描，提高效率。

(3) 主键索引

1）每个表只能有一个主键索引。

2）主键保证表中每一行数据都是唯一的。

3）主键索引自动创建，常用于标识唯一的数据行。

```
CREATE TABLE users (
    id INT AUTO_INCREMENT PRIMARY KEY,
    username VARCHAR(50) NOT NULL
);
```

(4) 唯一索引

确保列中的所有值都是唯一的，如两个用户不能使用同一个邮箱。

```
CREATE UNIQUE INDEX idx_email ON users(email);
```

(5) 普通索引（Index）

1）用于加速数据访问，但允许重复值。

2）适合需要快速查找的数据列。

```
CREATE INDEX idx_username ON users(username);
```

(6) 全文索引（Fulltext Index）

专门用于全文搜索，通常用于大量文本数据的快速检索，如搜索博客文章内容中的某个关键词。

```
CREATE FULLTEXT INDEX idx_fulltext ON articles(content);
```

2. 基础语法

1）创建索引 SQL 语句如下。

```
CREATE INDEX idx_username ON users(username);
```

2）创建唯一索引 SQL 语句如下。

```
CREATE UNIQUE INDEX idx_email ON users(email);
```

3）创建全文索引 SQL 语句如下。

```
CREATE FULLTEXT INDEX idx_fulltext ON users(username, email);
```

4）删除索引 SQL 语句如下，当索引不再需要或影响性能时，可以将其删除。

```
DROP INDEX idx_username ON users;
```

5）查看索引 SQL 语句如下。

```
SHOW INDEX FROM users;
```

3.4.5 MySQL 备份与恢复

备份数据库就像制作数据的复印件一样，可以将数据库中的所有内容保存到一个文件中，以防止数据丢失或损坏。

1）备份数据库，备份整个数据库 SQL 语句如下。

```
mysqldump -u root -p mydatabase > mydatabase_backup.sql
```

2）备份特定表 SQL 语句如下。

```
mysqldump -u root -p mydatabase users > users_backup.sql
```

3）备份所有数据 SQL 语句如下。

```
mysqldump -u root -p --all-databases > all_databases_backup.sql
```

4）恢复数据库 SQL 语句如下。

```
mysql -u root -p mydatabase < mydatabase_backup.sql
```

5）恢复特定表 SQL 语句如下。

```
mysql -u root -p mydatabase < users_backup.sql
```

6）恢复所有数据 SQL 语句如下。

```
mysql -u root -p < all_databases_backup.sql
```

3.4.6 实战——优化索引提升查询效率

笔者在进行性能测试时，遇到页面刷新速度缓慢的问题，后来定位到是 MySQL 查询问题，通过索引优化了数据库查询效率。具体案例如下。

1. 场景描述

在一次性能压测中，发现某个页面的刷新速度特别慢。通过初步分析，怀疑问题出在数据库查询上。

2. 排查步骤

（1）检测慢查询

通过一系列排查，发现系统瓶颈在数据库查询上。接着启用了 MySQL 的慢查询日志功能，记录所有执行时间超过特定阈值的 SQL 查询。通过分析慢查询日志，发现了一些执行时间特别长的 SQL 语句。

```
SELECT * FROM orders WHERE customer_id = 12345 AND order_date > '2023-01-01';
```

该查询在 orders 表上查找特定客户 ID 且订单日期大于特定日期的所有订单记录。

（2）使用 EXPLAIN 查看查询执行计划

为了进一步分析该 SQL 语句的性能问题，使用 EXPLAIN 命令查看其执行计划：

```
EXPLAIN SELECT * FROM orders WHERE customer_id = 12345 AND order_date > '2023-01-01';
```

返回的执行计划显示，该查询进行了全表扫描（Full Table Scan），扫描了数十万行记录，这正是查询速度缓慢的原因。

（3）增加索引

针对该查询的条件，决定在 orders 表的 customer_id 和 order_date 列上创建复合索引：

```
CREATE INDEX idx_customer_order_date ON orders (customer_id, order_date);
```

创建索引后，再次运行 EXPLAIN 命令查看执行计划，发现查询已经使用了新创建的索引，扫描行数显著减少。

（4）重新测试性能

通过索引优化后，重新进行了性能测试。结果显示，页面刷新速度明显提升，原本需要几秒的查询现在在毫秒级就可完成，极大地改善了用户体验。

（5）总结

通过这个实际例子，可以看到索引在数据库查询优化中的重要作用。以下是主要步骤的总结：

1）检测慢查询：启用慢查询日志，找到执行时间长的 SQL 语句。

2）分析慢 SQL 语句：使用 EXPLAIN 命令查看查询的执行计划。

3）增加索引：针对查询条件创建合适的索引，优化查询性能。

4）重新测试性能：验证索引优化效果，确保系统性能得到提升。

通过这些步骤，成功地将页面刷新速度从几秒缩短到毫秒级，显著提升了系统的响应速度。这一过程不仅展示了索引在性能优化中的重要性，也体现了测试人员在性能优化中的关键作用。

3.5 从找 BUG 角度来学习 Linux 基础知识

3.5.1 测试工程师如何学习 Linux

Linux 涉及的知识点很多，不同的工程师对 Linux 掌握的要求也不同。测试工程师在 Linux 上的日常工作有：在 Linux 下部署测试环境、构造测试数据进行测试、发现 BUG 后快速进行问题定位，因此对 Linux 的学习也是围绕以上几点展开的。

这样就将学习 Linux 分为 3 个阶段：

第 1 阶段介绍在 Linux 下如何快速安装一些常用的软件，如 MySQL、Jenkins 等。

第 2 阶段介绍 Linux 核心知识点，如 vim 工作模式、用户/用户组权限及文件所属权限关系。

第 3 阶段介绍 Bash 编程的一些基础知识以快速在 Linux 下构造测试数据。

3.5.2 Linux 软件的安装与卸载

大多数公司可能没有运维岗位，所以一些测试环境的安装与搭建都需要测试工程师独立完成。作为测试工程师，需要了解测试程序运行的系统是 Linux 什么版本（是 Ubuntu 还是 Centos）以确定用什么命令在线安装。如果网络受限，则需要离线安装，这就需确定系统架构以找到对应的离线包（是 X86 还是 ARM）。

1. 确定 Linux 版本

安装软件前需确定系统是什么发行版本（即确定系统是 Ubuntu、Centos 等），有以下几种方式。

（1）lsb_release 命令

LSB（Linux Standard Base，Linux 标准库）命令（lsb_release）能够打印发行版的具体信息，包括发行版名称、版本号、代号等。

```
# lsb_release -a
No LSB modules are available.
Distributor ID: Ubuntu
Description: Ubuntu 16.04.3 LTS
Release: 16.04
Codename: xenial
```

（2）uname 命令

uname（unix name 的意思）是一个打印系统信息的工具，系统信息包括内核名称、版本号、系统详细信息以及所运行的操作系统等。

```
# uname -a
Linux localhost.localdomain \
4.12.14-300.fc26.x86_64 #1 SMP Wed Sep 20 16:28:01
```

（3）/proc/version 文件

这个文件记录了 Linux 内核的版本、用于编译内核的 gcc 的版本、内核编译的时间，以及内核编译者的用户名。

```
# cat /proc/version
Linux version 4.12.14-300.fc26.x86_64 \
([email protected]) (gcc version 7.2.1 20170915 \
(Red Hat 7.2.1-2) (GCC) ) \
#1 SMP Wed Sep 20 16:28:07 UTC 2017
```

2. Linux 在线安装软件

用发行版各自的软件管理工具进行安装，下面以安装 telnet 工具为例。

（1）Ubuntu / Debian

在终端中运行以下命令：

```
sudo apt update
sudo apt install telnet
```

（2）CentOS / Red Hat Enterprise Linux（RHEL）

在终端中运行以下命令：

```
sudo yum install telnet
```

3. 更新软件源

想象一下，计算机就像一个厨房，而软件就像是需要的各种食材和工具。软件源则类似于超市，是获取食材和工具的地方，有时候想买低筋面粉，这家超市没有，就需要去另一家超市买。安装软件同理，如果软件安装不成功，可能需要更新软件源。

（1）在 Ubuntu 下更新软件源

1）更新软件包列表。这一步会从配置好的软件源中获取最新的软件包信息。

```
sudo apt update
```

2）升级已安装的软件包。这一步会将所有已安装的软件包更新到最新版本。

```
sudo apt upgrade
```

3）全面升级系统，包括可能需要重启的内核更新等。

```
sudo apt full-upgrade
```

（2）在 CentOS 下更新软件源

1）更新软件包列表并升级软件包。这个命令会更新所有已安装的软件包到最新版本。

```
sudo yum update
```

2）对于 CentOS 8 及更高版本。

```
sudo dnf update
```

3）清理缓存（可选）。这个命令会清理旧的缓存文件以释放空间。

```
sudo yum clean all
```

4）对于 CentOS 8 及更高版本。

```
sudo dnf clean all
```

4. Linux 离线安装软件

有时更新了数据源也可能因为其他一些原因安装不了软件，这时需要提前下载好软件包及其依赖项，然后将它们传输到目标系统进行安装。

（1）Ubuntu 系统

将 .deb 文件传输到目标系统，然后使用 dpkg 命令安装软件包。

```
sudo dpkg -i *.deb
```

如果安装过程中遇到依赖问题，可以运行以下命令来修复。

```
sudo apt-get install -f
```

（2）CentOS / Red Hat 系统

将 .rpm 文件传输到目标系统，然后使用 rpm 或 yum 命令安装软件包。

```
sudo rpm -ivh *.rpm
```

或者使用 yum localinstall 命令来处理依赖关系。

```
sudo yum localinstall *.rpm
```

3.5.3 测试工程师需掌握的 Linux 核心知识点

测试工程师学习 Linux 的目的是：让程序在系统（Linux）上能顺畅地跑起来，当程序出现问题时，能快速在 Linux 环境中查看日志定位问题。

相信很多同学都会遇到以下类似的场景：

同学 A：“程序报错了，啥原因导致的呢，日志在哪看呢？”

同学 B：“系统老是报错：no space left，清理点空间还是加个磁盘？”

同学 C：“为啥 Linux 下执行个命令，老提示：permission denied！”

同学 D："怎么配置文件修改了，程序还是不生效呢？"

作为测试工程师，不需要掌握所有的 Linux 命令，因为不同的测试对象和行业有不同的需求。但是，有些命令对于任何涉及 Linux 系统的测试工作都是必不可少的。以下是一些关键技能，无论在哪个行业从事测试工作，只要测试对象是 Linux 系统，都应该掌握：

1）修改配置文件：了解如何编辑和修改系统和应用程序的配置文件。

2）用户权限管理：掌握如何创建、删除和修改用户账户及其权限。

3）文件权限管理：学会如何设置和管理文件和目录的权限，以确保数据安全。

4）系统错误处理：能够检索系统报错信息，并根据这些信息进行故障排除。

5）服务管理：了解如何查看当前运行的服务状态，并能够启动、停止和重启服务。

6）文件操作：掌握文件的传输、打包和解压缩命令，以便高效地处理文件。

7）系统资源监控：学会使用工具监控系统的 CPU、内存和磁盘的使用情况。

8）网络监控：了解如何监控和分析系统的网络连接和流量。

掌握这些基本技能将为读者在 Linux 环境下的测试工作打下坚实的基础。

1. Linux 编辑命令 vi/vim

vim 是从 vi 发展出来的一个文本编辑器，vi/vim 分为 3 种模式：命令行模式、编辑模式、底行模式。

1）命令行模式：该模式下，可以移动光标进行浏览、整行删除，但无法输入文字。

2）编辑模式：该模式下，用户可进行文字的编辑输入。

3）底行模式：该模式下，光标位于屏幕底行，用户可以进行文件保存或退出操作，也可以设置编辑环境，如寻找字符串、列出行号。

命令行模式功能如表 3-21 所示。

表 3-21　命令行模式功能

命　令	功　能
yy	复制当前光标所在行
[n]yy	n 为数字，复制当前光标开始的 n 行
p	粘贴复制的内容到光标所在行之下
P	粘贴复制的内容到光标所在行之上
dd	删除当前光标所在行
[n]dd	删除当前光标所在行开始的 n 行
cc	剪切当前光标所在行
[n] cc	剪切当前光标开始的 n 行
G	光标移动到文件尾
u	取消前一个动作

（续）

命　令	功　能
.	重复前一个动作
x	删除光标当前的一个字符
ZZ	保存并退出

底行模式功能如表 3-22 所示。

表 3-22　底行模式功能

命　令	功　能
:W	保存
:q	退出 vi（系统会提示保存修改）
:q!	强行退出（对修改不做保存）
:wq	保存后退出
:w[filepath]	另存文件到 filepath
:set nu	显示行号
:n	定位到第 n 行
:set nonu	取消行号
:n1,n2 co n3	将 n1 到 n2 行所有文本复制到 n3 行之下
:n1,n2 m n3	将 n1 到 n2 行所有文本移动到 n3 行之下
:n1,n2 d	删除 n1 到 n2 行的所有文本
/name	查找光标之后的名为“name”的字符串
:s/str1/str2/	将当前行的第一个字符串 str1 替换为字符串 str2
:%s/str1/str2/g	将所有行的字符串 str1 替换为字符串 str2

2. Linux 用户与文件权限管理命令 chown 与 chmod

（1）chown 命令

chown 命令用于更改文件或目录的所有者和所属组。

```
chown [选项]用户:组 文件
```

1）用户：新的文件所有者。

2）组：新的文件所属组。

3）文件：需要更改所有者和组的文件或目录。

示例：

1）更改文件的所有者：将 file.txt 的所有者更改为用户 alice。

```
chown alice file.txt
```

2）更改文件的所有者和组：将 file.txt 的所有者更改为用户 alice，所属组更改为 developers。

```
chown alice:developers file.txt
```

3）递归更改目录及其内容的所有者和组，将目录/path/to/directory 及其所有子目录和文件的所有者更改为 alice，所属组更改为 developers。

```
chown -R alice:developers /path/to/directory
```

（2）chmod 命令

chmod 命令用于更改文件或目录的访问权限，基本语法如下。

```
chmod [选项]模式 文件
```

1）模式：新的权限设置，可以是数字形式（如 755）或符号形式（如 u+rwx）。

2）文件：需要更改权限的文件或目录。

3）权限可以用数字或符号表示，每种权限包括三种类型：所有者（user）、所属组（group）和其他人（others）。每种类型有读（r）、写（w）和执行（x）权限。

数字表示法中每种权限的数值如下。

1）读（r）：4。

2）写（w）：2。

3）执行（x）：1。

4）组合权限的数值为各权限数值之和，例如，7 表示 rwx、6 表示 rw-。

符号表示法：用 u（user）、g（group）、o（others）、a（all）表示不同用户类型，+（添加）、-（移除）、=（设置）表示操作符。

示例：

1）用数字表示法更改权限，将 file.txt 的权限设置为所有者可以读、写、执行，所属组和其他人可以读、执行。

```
chmod 755 file.txt
```

2）用符号表示法更改权限，将 file.txt 的权限设置为所有者可以读、写、执行，所属组和其他人可以读、执行。

```
chmod u+rwx,g+rx,o+rx file.txt
```

3）递归更改目录及其内容的权限，将目录/path/to/directory 及其所有子目录和文件的权限设置为所有者可以读、写、执行，所属组和其他人可以读、执行。

```
chmod -R 755 /path/to/directory
```

3. Linux 日志检索命令 tail、less、awk、sed、grep

（1）tail 命令

tail 命令用于查看文件的末尾部分，常用于查看日志文件的最新条目，基本语法如下。

```
tail [选项]文件
```

示例：

1）查看文件的最后 10 行（默认行为）。

```
tail /var/log/syslog
```

2）查看文件的最后 20 行。

```
tail -n 20 /var/log/syslog
```

3）实时查看文件的新增内容。

```
tail -f /var/log/syslog
```

（2）less 命令

less 命令用于分页查看文件内容，可以向前和向后滚动，非常适合查看大文件，基本语法如下。

```
less 文件
```

示例：

分页查看日志文件。

```
less /var/log/syslog
```

在 less 中可以使用箭头键上下滚动，按<q>键退出。

（3）awk 命令

awk 是一个强大的文本处理工具，适用于基于模式的文本扫描和处理，基本语法如下。

```
awk '条件 { 动作 }' 文件
```

示例：

1）打印日志文件中所有的时间戳（假设时间戳在文件的第一列）。

```
awk '{print $1}' /var/log/syslog
```

2）打印包含特定关键字的日志行。

```
awk '/error/ {print}' /var/log/syslog
```

（4）sed 命令

sed 是一个流编辑器，可以对文本进行搜索、替换、删除等操作，基本语法如下。

```
sed [选项]'脚本' 文件
```

示例：

1）替换日志文件中所有的 error 为 ERROR。

```
sed 's/error/ERROR/g' /var/log/syslog
```

2）删除包含特定关键字的日志行：

```
sed '/error/d' /var/log/syslog
```

（5）grep 命令

grep 用于搜索文本中的特定模式，并输出匹配的行，基本语法如下。

```
grep [选项]模式 文件
```

示例：

1）搜索日志文件中包含 error 的行。

```
grep "error" /var/log/syslog
```

2）搜索时忽略大小写。

```
grep -i "error" /var/log/syslog
```

3）递归搜索目录中包含特定模式的文件。

```
grep -r "error" /var/log/
```

4. Linux 服务进程管理命令 ps、kill

（1）ps 命令

ps 命令用于显示系统中的进程信息。它提供了许多选项，可以根据不同的需求来查看进程信息，基本语法如下。

```
ps [选项]
```

常用选项：

1）-e：显示所有进程。

2）-f：显示完整格式的进程信息。

3）-u 用户名：显示指定用户的进程。

4）-aux：显示所有进程，包括其他用户的进程。

示例：

1）显示所有进程。

```
ps -e
```

2）显示完整格式的所有进程。

```
ps -ef
```

3）显示指定用户的进程（如用户 alice）。

```
ps -u alice
```

4）显示所有进程，包括其他用户的进程。

```
ps aux
```

5）显示过滤出 abc 进程。

```
ps aux |grep abc
```

（2）kill 命令

kill 命令用于向进程发送信号，可以用来终止进程，基本语法如下。

```
kill [选项]进程 ID
```

常用选项：

1）-l：列出所有信号名称。

2）-s 信号：发送指定的信号。

3）-9：强制终止进程（发送 SIGKILL 信号）。

常用信号：

1）SIGHUP（1）：挂起信号，通常用于重新加载配置。

2）SIGINT（2）：中断信号，通常由<Ctrl+C>触发。

3）SIGKILL（9）：强制终止进程。

4）SIGTERM（15）：终止信号，默认信号，用于正常终止进程。

示例：

1）终止指定的进程（如 ID 为 1234 的进程）。

```
kill 1234
```

2）强制终止指定的进程。

```
kill -9 1234
```

3）发送挂起信号（重新加载配置）。

```
kill -SIGHUP 1234
```

5. Linux 文件管理命令 ls、find、mv、cp、scp、tar、rz、sz

（1）ls 命令

ls 命令用于列出目录内容，基本语法如下。

```
ls [选项][目录]
```

常用选项：

1）-l：使用长格式列出文件信息。

2）-a：列出所有文件，包括隐藏文件。

3）-h：以人类可读的格式显示文件大小。

示例：

1）列出当前目录的内容。

```
ls
```

2）使用长格式列出当前目录的内容。

```
ls -l
```

3）列出所有文件，包括隐藏文件。

```
ls -a
```

4）使用长格式和人类可读的格式列出所有文件。

```
ls -lh
```

（2）find 命令

find 命令用于在目录中查找文件和目录，基本语法如下。

```
find [路径][选项][表达式]
```

常用选项：

1）-name：按名称查找文件。

2）-type：按类型查找文件（如 f 表示文件、d 表示目录）。

3）-mtime：按修改时间查找文件。

示例：

1）在当前目录及其子目录中查找名为 file.txt 的文件。

```
find .-name "file.txt"
```

2）查找当前目录及其子目录中的所有目录。

```
find .-type d
```

3）查找修改时间在 7 天以内的文件。

```
find .-mtime -7
```

（3）mv 命令

mv 命令用于移动或重命名文件和目录，基本语法如下。

```
mv [选项]源文件 目标文件
```

示例：

1）重命名文件 oldname.txt 为 newname.txt。

```
mv oldname.txt newname.txt
```

2）将文件 file.txt 移动到目录/path/to/directory/中。

```
mv file.txt /path/to/directory/
```

（4）cp 命令

cp 命令用于复制文件和目录，基本语法如下。

```
cp [选项]源文件 目标文件
```

常用选项：

1）-r：递归复制目录及其内容。

2）-p：保留文件的属性（如权限、所有者）。

示例：

1）复制文件 file.txt 到目录/path/to/directory/中。

```
cp file.txt /path/to/directory/
```

2）递归复制目录及其内容。

```
cp -r /source/directory/ /path/to/destination/
```

（5）scp 命令

scp 命令用于在本地和远程主机之间安全地复制文件，基本语法如下。

```
scp [选项]源文件 目标文件
```

示例：

1）将本地文件复制到远程主机。

```
scp file.txt user@remote_host:/path/to/directory/
```

2）将远程主机的文件复制到本地。

```
scp user@remote_host:/path/to/file.txt /local/path/
```

（6）tar 命令

tar 命令用于创建和提取归档文件，基本语法如下。

```
tar [选项][归档文件][文件或目录]
```

常用选项：

1）-c：创建归档文件。

2）-x：提取归档文件。

3）-v：显示处理过程。

4）-f：指定归档文件。

5）-z：使用 gzip 压缩。

示例：

1）创建 gzip 压缩的归档文件。

```
tar -czvf archive.tar.gz /path/to/directory/
```

2）提取 gzip 压缩的归档文件。

```
tar -xzvf archive.tar.gz
```

（7）rz 和 sz 命令

rz 和 sz 命令用于在本地和远程主机之间通过 ZModem 协议传输文件。通常用于在终端中传输文件。

示例：

1）从本地上传文件到远程主机。在远程终端中输入 rz，然后在本地选择文件上传。

```
rz
```

2）从远程主机下载文件到本地。

```
sz file.txt
```

6. Linux 资源监控命令 top、free

（1）top 命令

top 命令用于实时显示系统的运行情况，包括 CPU、内存使用情况和进程信息，基本语法如下。

```
top [选项]
```

常用操作和选项：

1）q：退出 top。

2）h：显示帮助信息。

3）k：终止一个进程。

4）r：重新调整一个进程的优先级。

5）u：显示指定用户的进程。

6）d：设置刷新间隔时间。

示例：

启动 top 并显示系统运行情况。

```
top
```

进入 top 后，可以使用以下操作进行监控和管理。

1）查看指定用户的进程：按<u>键，然后输入用户名。

2）终止进程：按<k>键，然后输入进程 ID 和信号。

3）重新调整进程优先级：按<r>键，然后输入进程 ID 和新优先级。

（2）free 命令

free 命令用于显示系统的内存使用情况，基本语法如下。

```
free [选项]
```

常用选项：

1）-h：以人类可读的格式显示内存信息。

2）-m：以 MB 为单位显示内存信息。

3）-g：以 GB 为单位显示内存信息。

4）-t：显示内存总量信息，包括物理内存和交换内存。

示例：

```
# 以人类可读格式显示内存使用情况
free -h

# 以 MB 为单位显示内存使用情况
free -m

# 显示内存总量信息
free -t
```

（3）使用 top 监控系统资源

```
top
```

启动 top 后，可以看到如下信息。

1）第一行：系统时间、运行时间、用户数、系统负载。

2）第二行：任务概况，包括总任务数、运行任务数、睡眠任务数等。

3）第三行：CPU 使用情况，包括用户空间、系统空间、空闲等。

4）第四行：内存使用情况，包括总内存、已用内存、空闲内存、缓冲区等。

5）第五行：交换空间使用情况。

6）进程列表：显示各个进程的 ID、用户、优先级、CPU 和内存使用情况等。

（4）使用 free 查看内存使用情况

```
free -h

 输出结果示例

              total        used        free      shared  buff/cache   available
Mem:           7.8G        2.3G        3.0G        201M        2.4G        5.1G
Swap:            2.0G        0.0K        2.0G
```

该结果显示了总内存、已用内存、空闲内存、共享内存、缓冲区/缓存和可用内存，以及交换空间的使用情况。

通过使用 top 和 free 命令，系统管理员可以实时监控 Linux 系统的资源使用情况，有效管理系统性能和稳定性。

7. Linux 网络管理命令 ifconfig

ifconfig 命令用于显示或配置网络接口，基本语法如下。

```
ifconfig [网络接口][选项]
```

常用选项：

1）不带参数：显示所有网络接口的信息。

2）up：激活网络接口。

3）down：关闭网络接口。

4）inet：设置 IPv4 地址。

5）netmask：设置子网掩码。

6）broadcast：设置广播地址。

7）hw：设置 MAC 地址。

示例：

```
# 显示所有网络接口的信息
ifconfig

# 显示指定网络接口的信息(例如 eth0)
ifconfig eth0

# 激活网络接口(如 eth0)
ifconfig eth0 up

# 关闭网络接口(如 eth0)
ifconfig eth0 down

# 配置网络接口的 IP 地址、子网掩码和广播地址
ifconfig eth0 192.168.1.10 netmask 255.255.255.0 broadcast 192.168.1.255

# 修改网络接口的 MAC 地址
ifconfig eth0 hw ether 00:1A:2B:3C:4D:5E
```

注意事项：

1）需要 root 权限才能使用 ifconfig 命令进行网络配置，普通用户只能查看网络接口信息。

2）ifconfig 命令在较新的 Linux 发行版中可能未安装，可以通过安装 net-tools 包来获取。

3）建议在较新的 Linux 发行版中使用 ip 命令代替 ifconfig 命令进行网络配置。

使用 ip 命令的等效操作如下。

```
# 显示所有网络接口的信息
ip addr show

```

```
# 激活网络接口(如 eth0)
ip link set eth0 up

# 关闭网络接口(如 eth0)
ip link set eth0 down

# 配置网络接口的 IP 地址和子网掩码
ip addr add 192.168.1.10/24 dev eth0

# 删除网络接口的 IP 地址
ip addr del 192.168.1.10/24 dev eth0
```

通过 ifconfig 或 ip 命令，可以方便地管理 Linux 系统的网络接口，配置 IP 地址、子网掩码、广播地址和 MAC 地址等信息，从而确保网络连接的正常运行。

3.5.4　shell 基础编程

测试工程师为什么要学习 shell 编程呢？简而言之，它能提升工作效率并能消除重复性的工作，来看看下面的场景。

同学 A：“客户的环境日志有上百个，难道要执行 100 次 “cat hello.log | grep error” 才能读取关键报错信息吗？”

同学 B：“研发给的部署包，每次都需要手动 tar xf 解压，设置 config 文件，然后执行 star 命令，太烦琐了。”

同学 C：“想在 Linux 上构造一些测试数据，但又不想使用 Python、Java 这样的编程语言，因为 Python、Java 要下载很多安装包还要配置环境变量。”

shell 编程就像胶水，它能将 Linux 下众多命令组合起来，接下来从变量、运算规则、循环逻辑、判断逻辑及函数这几个方面来介绍。

1. 一个简单的 shell 脚本

先来编写一个简单的 shell 脚本，该脚本输出 “hello guys!”。

```
[root@localhost ~]# echo '#! /bin/bash' >> hello.sh
[root@localhost ~]# echo 'echo "hello guys!"' >> hello.sh
[root@localhost ~]# cat hello.sh
#! /bin/bash
echo "hello guys!"
# 赋予可执行权限
[root@localhost ~]# chmod a+x hello.sh
# 执行 hello.sh 脚本
[root@localhost ~]# ./hello.sh
# 显示
hello guys!
```

2. shell 变量

shell 变量共分 3 种：用户自定义变量、预定义变量、环境变量。

(1) 用户自定义变量

用户自定义变量只支持字符串类型，不支持其他类型，通过以下 3 个前缀进行定义。

1） export：指定全局变量。

2） readonly：标记只读变量。

3） unset：删除变量。

举个例子，定义 shell_var.sh 脚本：

```
# 将全局变量定义到/etc/profile 下
[root@localhost ~]# echo 'export ADDRESS=chengdu' >> /etc/profile
[root@localhost ~]# source /etc/profile
[root@localhost ~]# cat shell_var.sh
#! /bin/bash
# 定义普通变量
name=welsh
tel=123456789
# 定义只读变量
readonly age=32
# 由于删除了 tel 变量,所以后续 echo $tel 无法打印出内容
unset tel
# 尝试删除 age，因为 age 是只读变量
# 所以这里执行会有报错提示 "age: cannot unset: readonly variable"
unset age
# 打印变量的值
echo $name
echo $age
echo $tel
echo $ADDRESS
# 执行脚本
[root@localhost ~]# chmod a+x shell_var.sh
[root@localhost ~]#./shell_var.sh
shell_var.sh: line 13: unset: age: cannot unset: readonly variable
welsh
32
chengdu
```

(2) 预定义变量

预定义变量常用来获取命令行的输入，相关变量如下。

1） $0：脚本文件名。

2） $1~9：第 1~9 个命令行参数名。

3） $#：命令行参数个数。

4） $@：所有命令行参数。

5） $ *：所有命令行参数。

6） $?：前一个命令的退出状态，可用于获取函数返回值。

7） $ $：执行的进程 ID。

举个例子，定义 shell_pre_var.sh：

```
[root@localhost ~]# cat shell_pre_var.sh
#! /bin/bash

echo "print $"
echo "\$0 = $0"
echo "\$1 = $1"
echo "\$2 = $2"
echo "\$# = $#"
echo "\$@= $@"
echo "\$* = $*"
echo "\$$= $$"
echo "\$? = $?"
```

执行脚本：

```
[root@localhost ~]# chmod a+x shell_pre_var.sh
[root@localhost ~]# ./shell_pre_var.sh 1 2 3 4 5
print $

# 程序名
 $0 = ./shell_pre_var.sh

# 第一个参数
 $1 = 1

 # 第二个参数
  $2 = 2

 # 一共有 5 个参数
  $# = 5

 # 打印出所有参数
  $@ = 1 2 3 4 5
```

（3）环境变量

环境变量默认就存在，常用变量如下。

1）HOME：用户主目录。

2）PATH：系统环境变量 PATH。

3）TERM：当前终端。

4）UID：当前用户 ID。

5）PWD：当前工作目录，绝对路径。

举个例子，定义 shell_env_var.sh：

```
[root@localhost ~]# cat shell_env_var.sh
#! /bin/bash
echo $HOME
echo $PATH
echo $TERM
echo $PWD
echo $UID
```

执行脚本：

```
[root@localhost ~]# sh shell_env_var.sh
# 当前主目录
/root
# PATH 环境变量
/usr/local/go/bin/::......(省略若干)
# 当前终端
xterm-256color
# 当前目录
/root
# 用户 ID
0
```

3. shell 运算

以下有四种常见的运算方法来实现 n=1 以及 n+1 的功能。

```
方法 1:n= $[ n+ 1 ]
```

$[ ] 是一种旧的算术运算方式，支持基本的算术操作。$[n + 1] 的意思是将 n 变量的值加 1，并将结果赋值给 n。这种方法虽然简单，但不推荐，因为它是一个较旧的语法，现代脚本更倾向于使用 $((...))。

```
方法 2:n=`expr $n + 1`
```

expr 是一个外部命令，用于计算算术表达式。这里使用反引号（`）将“expr $n + 1”的计算结果赋值给 n。这种方法可以在 POSIX 兼容的 shell 中使用，但由于它涉及调用外部命令，效率较低。

```
方法 3:let n=n+1
```

let 是一个内建命令，用于执行算术运算。“let n=n+1” 的意思是将 n 变量的值加 1。let 可以处理多种算术表达式，是一种简单而有效的方法。

```
方法 4:n=$((n+1))
```

$((…)) 是一种推荐的算术扩展方式，支持在双圆括号内进行算术运算。$((n+1)) 的计算结果将赋值给 n。这种方法现代且高效，支持所有常见的算术操作，是目前最常用的方法之一。

举个例子：

```
[root@localhost ~]# cat shell_add.sh
#! /bin/bash
n=1
n=$[ n + 1 ]
echo $n

n=`expr $n + 1`
echo $n

# 注意:+ 号左右不要加空格
let n=n+1
echo $n

n=$((n+1))
echo $n
```

执行脚本：

```
[root@localhost ~]# sh shell_add.sh
2
3
4
5
```

4. shell 语句

(1) if 语句

if 语句格式：

```
if  [条件]; then
    动作
else
    动作
fi
```

举个例子，定义一个 shell_if.sh 脚本，如果赋予值 name 为 wendada，判断 name 若等于 wendada 为真则输出“yes, i am wendada”，否则输出“no”。

```
[root@localhost ~]# cat shell_if.sh
#! /bin/bash
name=wendada

if [ $name = "wendada" ]
then
    echo "yes, i am wendada"
else
    echo "no"
fi

[root@localhost ~]# sh shell_if.sh
yes, i am wendada
```

if 判断体中比较关键的是判断条件是否为真，除了以上的字符串比较，还可以是数字之间的比较、判断文件是否存在等，详情如下。

数值比较：

1）-eq：等于。

2）-ne：不等于。

3）-gt：大于。

4）-lt：小于。

5）-ge：大于等于。

6）-le：小于等于。

字符串比较：

1）=：等于。

2）! =：不等于。

3）-z：字符串长度为 0。

4）-n：字符串长度非 0。

文件测试：

1）-e：文件存在。

2）-f：文件存在并且是一个普通文件。

3）-d：文件存在并且是一个目录。

4）-r：文件存在并且可读。

5）-w：文件存在并且可写。

6）-x：文件存在并且可执行。

（2）case 语句

case 语句格式：

```
case 值 in
 模式 1)
    command1
    command2
    ......
    commandN
    ;;
 模式 2)
    command1
    command2
    ......
    commandN
    ;;
esac
```

举个例子：

```
echo '输入 1 到 4 之间的数字:'
echo '输入的数字为:'
read num
case $num in
    1)  echo '选择了 1'
    ;;
    2)  echo '选择了 2'
    ;;
    3)  echo '选择了 3'
    ;;
    4)  echo '选择了 4'
    ;;
    *)  echo '没有输入 1 到 4 之间的数字'
    ;;
esac
```

输出如下：

```
输入 1 到 4 之间的数字:4
输入的数字为 4!
输入 1 到 4 之间的数字:8
输入的数字不是 1 到 5 之间的!游戏结束
```

另外里面有 2 个重要的命令：break 与 continue。

1）break：允许跳出所有循环。

2）continue：仅跳出当前循环。

break 的例子：

```
#!/bin/bash
while :
```

```
do
    echo -n "输入 1 到 5 之间的数字:"
    read num
    case $num in
        1 |2 |3 |4 |5) echo "输入的数字为 $num!"
        ;;
        *) echo "输入的数字不是 1 到 5 之间的!游戏结束"
            break
        ;;
    esac
done
```

运行脚本：

```
输入 1 到 5 之间的数字:2
输入的数字为 2!
输入 1 到 5 之间的数字:9
输入的数字不是 1 到 5 之间的!游戏结束
```

continue 的例子：

```
#!/bin/bash
while :
do
    echo -n "输入 1 到 5 之间的数字: "
    read num
    case $num in
        1 |2 |3 |4 |5) echo "输入的数字为 $num!"
        ;;
        *) echo "输入的数字不是 1 到 5 之间的!"
            continue
            echo "游戏结束"
        ;;
    esac
done
```

运行脚本：

```
输入 1 到 5 之间的数字:3
输入的数字为 3!
输入 1 到 5 之间的数字:7
输入的数字不是 1 到 5 之间的!
输入 1 到 5 之间的数字:8
输入的数字不是 1 到 5 之间的!
```

(3) for 循环

for 语句格式：

```
for var in item1 item2 ......itemN
do
    command1
    command2
    ......
    commandN
done
```

特别注意：

1）in 列表中可以包含字符串和文件名等。

2）in 列表是可选的，如果默认不使用，将会循环使用命令行中的位置参数。

举个例子：

```
for num in 1 2 3 4 5
do
    echo "The value is: $num"
done
```

运行脚本：

```
The value is: 1
The value is: 2
The value is: 3
The value is: 4
The value is: 5
```

（4）while 循环

while 循环用于不断执行一系列命令，当 condition 是 false 时跳出循环，语句格式：

```
while condition
do
    command
done
```

举个例子：

```
#! /bin/bash
num=1
while(( $num<=5 ))
do
    echo $num
    let "num++"
done

```

运行脚本：

```
1
2
3
4
5
```

（5）until 循环

until 与 while 循环正好相反，当 condition 为 true 时则跳出循环，语句格式：

```
until condition
do
    command
done
```

举个例子：

```
#!/bin/bash

a=0
until [ ! $a -lt 5 ]
do
    echo $a
    a=`expr $a + 1`
done
```

运行脚本：

```
0
1
2
3
4
5
```

5. shell 函数

（1）定义函数

shell 可以定义函数以便于其他地方调用函数，语句格式：

```
[ function ]funname [ () ]
{
    action;
    [return int;]
}
```

特别注意：

1）function fun ()表示有返回参数。

2）fun()表示无返回参数。

3）使用 return 可以返回参数值。

举个例子：

```
#!/bin/bash

FunReturn(){
    echo "两个数字进行相加运算......"
    echo "输入第一个数字："
    read num
    echo "输入第二个数字："
    read anothernum
    echo "两个数字分别为 $num 和 $anothernum !"
    return $(($num+$anothernum))    # 分别返回数值
}
FunReturn        # 调用函数
echo "输入的两个数字之和为 $?!" # 使用通配符获取上一条指令的返回值
```

运行脚本：

```
两个数字进行相加运算......
输入第一个数字：
1
输入第二个数字：
2
两个数字分别为 1 和 2 !
输入的两个数字之和为 3 !
```

（2）参数定义

当需要用 shell 进行参数传递时，需要通过 $n 进行传递。

举个例子：

```
#!/bin/bash
FunParam(){
    echo "输入第一个参数 $1 !"
    echo "输入第二个参数 $2 !"
    echo "输入第十个参数 $10 !"
    echo "参数总数有 $# 个!"
    echo "作为一个字符串输出所有参数 $* !"
}
FunParam 1 2 3 4 5 6 7 8 9 10
```

运行脚本：

```
输入第一个参数为 1 !
输入第二个参数为 2 !
输入第十个参数为 10 !
```

```
参数总数有 10 个!
作为一个字符串输出所有参数 1 2 3 4 5 6 7 8 9 10!
```

(3) 获取返回值

若需要使用函数 return 值，需要通过 echo $? 进行捕获。

举个例子：

```
#!/bin/bash

function func1(){
    count=0
    for cont in {1..3}; do
        count=`expr $count + 1`
    done
    # 函数中使用 return 返回时,返回值的数据类型必须是数字
    return $count
}

# 在 $()的圆括号中可以执行 Linux 命令,当然也包括执行函数
res1=$(func1)

# 变量 res2 将会接收函数的返回值,这里是 3
res2=`echo $? `

if [[ $res2 == 3 ]]; then
    echo "func1() succeeded!"
else
    echo "Not a right number!"
fi
```

运行脚本：

```
func1() succeeded!
```

以上总结展示了 shell 编程的基础知识和示例，帮助测试工程师在 Linux 环境下提高工作效率，实现自动化操作。

3.5.5 实战——编写 shell 脚本快速部署服务

笔者工作中会涉及服务部署，也是通过 shell 脚本来实现程序包解压、启动服务、判断服务是否启动成功，并查看启动日志是否有错误产生，以下是一个大致的过程。

1. 脚本需求

1）解压缩指定的程序包。

2）启动指定的服务。

3）判断服务是否启动成功。

4）查看启动日志，检查是否有 ERROR 产生。

2. 示例脚本

```
#! /bin/bash

# 定义变量
PACKAGE="app_package.tar.gz"
INSTALL_DIR="/opt/app"
SERVICE_NAME="app_service"
LOG_FILE="/var/log/app_service.log"

# Step 1: 解压缩程序包
echo "解压缩程序包......"
if tar -xzvf $PACKAGE -C $INSTALL_DIR; then
    echo "程序包解压缩成功."
else
    echo "程序包解压缩失败."
    exit 1
fi

# Step 2: 启动服务
echo "启动服务......"
if systemctl start $SERVICE_NAME; then
    echo "服务启动命令已执行."
else
    echo "服务启动失败."
    exit 1
fi

# Step 3: 判断服务是否启动成功
echo "检查服务状态......"
if systemctl is-active --quiet $SERVICE_NAME; then
    echo "服务启动成功."
else
    echo "服务未能启动."
    exit 1
fi

# Step 4: 查看启动日志,检查是否有 ERROR
echo "检查启动日志是否有 ERROR......"
if grep -q "ERROR" $LOG_FILE; then
    echo "日志中发现 ERROR."
    exit 1
```

```
else
    echo "日志中未发现 ERROR."
fi

echo "脚本执行完毕,一切正常。"
exit 0
```

3. 详细讲解

1）定义变量，PACKAGE 是需要解压缩的程序包的名称，INSTALL_DIR 是程序包解压缩的目标目录，SERVICE_NAME 是要启动的服务名称，LOG_FILE 是服务的日志文件路径。

```
PACKAGE="app_package.tar.gz"
INSTALL_DIR="/opt/app"
SERVICE_NAME="app_service"
LOG_FILE="/var/log/app_service.log"
```

2）解压缩程序包，使用 tar -xzvf 解压缩程序包到目标目录。如果成功，输出成功信息，否则输出失败信息并退出脚本。

```
echo "解压缩程序包......"
if tar -xzvf $PACKAGE -C $INSTALL_DIR; then
    echo "程序包解压缩成功."
else
    echo "程序包解压缩失败."
    exit 1
fi
```

3）启动服务，使用 systemctl start 启动服务。如果成功，输出成功信息，否则输出失败信息并退出脚本。

```
echo "启动服务......"
if systemctl start $SERVICE_NAME; then
    echo "服务启动命令已执行."
else
    echo "服务启动失败."
    exit 1
fi
```

4）判断服务是否启动成功，使用 systemctl is-active --quiet 检查服务是否处于活动状态。如果服务启动成功，输出成功信息，否则输出失败信息并退出脚本。

```
echo "检查服务状态......"
if systemctl is-active --quiet $SERVICE_NAME; then
    echo "服务启动成功."
else
    echo "服务未能启动."
```

```
    exit 1
fi
```

5）查看启动日志，检查是否有 ERROR，使用 grep -q "ERROR" 检查日志文件中是否包含 ERROR 关键字。如果发现错误，输出错误信息并退出脚本；否则输出无错误信息。

```
echo "检查启动日志是否有 ERROR......"
if grep -q "ERROR" $LOG_FILE; then
    echo "日志中发现 ERROR."
    exit 1
else
    echo "日志中未发现 ERROR."
fi
```

4. 总结

通过这个脚本，能够自动化完成程序包的解压缩、服务的启动、服务状态的检查以及日志中错误信息的检测，大大提高了工作效率并减少了人为操作错误的可能性。这个脚本可以根据具体需求进行扩展和定制，以适应不同的应用场景。

3.6 实战项目

3.6.1 实战项目 RuoYi-Vue-Plus 介绍

本节将选取 RuoYi-Vue-Plus 这个开源项目作为实战项目，它是一个功能强大的多租户后台管理系统，支持以下业务以及非业务功能。

1. 业务功能

1）包含后台管理用户创建（包括归属部门和岗位）。

2）包含角色创建与授权、多租户管理、通知公告。

3）包含系统异常日志查询、登录日志、文件管理。

2. 非业务功能

1）包含代码生成、系统接口文档查看。

2）包含服务监控、缓存监控。

3. 项目用途

后续将使用该项目进行以下练习：环境部署、测试用例设计、自动化接口测试、自动化 UI 测试、性能压测、单元测试。

3.6.2 Mac 本地环境准备

本节分别以 Mac 和 Windows 操作系统为例来准备实战环境，请读者根据各自操作系统选择对应章节查阅。

1. GraalVM 安装

1）下载 GraalVM，访问 https://github.com/graalvm/graalvm-ce-builds/releases，找到自己系统对应的版本。若因为网络原因无法登录 GitHub 的地址，可以访问官网 https://www.graalvm.org/downloads/进行下载。

2）配置 graalvm17，将下载后的包进行配置。

```
mv graalvm-community-openjdk-17.0.9+9.1 graalvm17/
sudo xattr -r -d com.apple.quarantine graalvm17/
sudo mv graalvm17/ /Library/Java/JavaVirtualMachines/
```

3）配置 Java 环境变量路径 JAVA_HOME。

```
vim ~/.bash_profile
export JAVA_HOME=/Library/Java/JavaVirtualMachines/graalvm17/Contents/Home
export PATH=$JAVA_HOME/bin:$PATH
```

4）验证 Java 安装，输入以下命令会返回 Java 版本。

```
java -version
```

输出：

```
openjdk version "17.0.9" 2023-10-17
OpenJDK Runtime Environment GraalVM CE 17.0.9+9.1 (build 17.0.9+9-jvmci-23.0-b22)
OpenJDK
64-Bit Server VM GraalVM CE 17.0.9+9.1 (build 17.0.9+9-jvmci-23.0-b22, mixed mode, sharing)
```

2. Maven 安装

1）使用 Homebrew 安装 Maven，安装后的路径默认为/usr/local/Cellar/maven/。

```
brew install maven
```

2）配置 Maven 环境变量 M2_HOME。

```
vim ~/.bash_profile
export M2_HOME=/usr/local/Cellar/maven/3.9.6/
export PATH=$M2_HOME/bin:$PATH

source ~/.bash_profile
```

3）若本地环境有多个 jdk，这里需指定 JAVA_HOME = $(/usr/libexec/java_home)，它会默认找最合适的 Java 版本（可选操作）。

```
vim ~/.bash_profile
export JAVA_HOME=$(/usr/libexec/java_home)
```

```
export M2_HOME=/usr/local/Cellar/maven/3.9.6/
export PATH=$JAVA_HOME/bin:$M2_HOME/bin:$PATH

source ~/.bash_profile
```

4）验证 Maven 安装，输入以下命令会返回 Maven 版本。

```
mvn -v
```

输出：

```
Apache Maven 3.9.6 (bc0240f3c744dd6b6ec2920b3cd08dcc295161ae)
Maven home: .../3.9.6/libexec
Java version: 17.0.9, vendor: GraalVM Community, runtime: ../graalvm17/Contents/Home
Default locale: zh_CN_#Hans, platform encoding: UTF-8
OS name: "mac os x", version: "12.1", arch: "x86_64", family: "mac"
```

3. git 安装

1）使用 Homebrew 安装 git。

```
brew install git
```

2）验证 git 安装，输入以下命令会返回 git 版本。

```
git --version
```

输出：

```
git version 2.32.0 (Apple Git-132)
```

4. IntelliJ IDEA 安装

下载 IDEA 工具，访问 https://www.jetbrains.com.cn/idea/download/?section=mac 进行下载并安装。

5. MySQL 安装

1）运行以下命令安装 MySQL。

```
brew install mysql
```

2）安装完成后，会出现提示：mysql_secure_installation。

3）设置开机启动 MySQL 服务。

```
brew services start mysql
```

4）成功启动 MySQL 服务会出现提示信息：Successfully started mysql。

5）首次运行时需要设置密码，运行以下命令，根据提示设置密码和其他安全选项。

```
mysql_secure_installation
```

6）验证安装，输入 mysql -u root -p12345678，其中 12345678 是设置的 MySQL 密码。

```
mysql -u root -p12345678
```

7）登录成功后，会看到 MySQL 版本号以及命令行。

6. Redis 安装

1）运行以下命令安装 Redis。

```
brew install redis
```

2）启动 Redis 服务。

```
brew services start redis
```

3）验证安装，如果 Redis 正常运行，下面命令的输出是 PONG。

```
redis-cli ping
```

4）验证 Mac 上 Redis 端口 6379 是否已经启动，输入命令 netstat -an | grep 6379，成功则会出现 127.0.0.1.6379 *.* LISTEN.

5）查看 Redis 版本。

```
brew info redis
```

7. Nodejs 安装

```
brew install nodejs        # 安装 Nodejs
brew install npm           # 安装 npm，npm 是开发 Nodejs 的依赖库
```

验证：

```
npm --veriosn

# 输出
10.2.4
```

3.6.3 Windows 本地环境准备

1. GraalVM 安装

1）同 3.6.2 节的 GraalVM 安装内容，下载对应的版本。

2）运行 JDK，安装路径默认 C 盘位置，直到出现安装完成。

3）配置环境变量，右击“此计算机”或“我的计算机”，选择“属性”选项，单击左侧的“高级系统设置”，然后单击“环境变量”。

4）在“系统变量”部分，单击“新建”按钮，创建一个新的系统变量，在弹出的“编辑系统变量”对话框设置变量为“JAVA_HOME”，变量值为“C:\Program Files\Java\jdk-17”，单击

“确定”按钮完成新建，如图 3-15 所示。

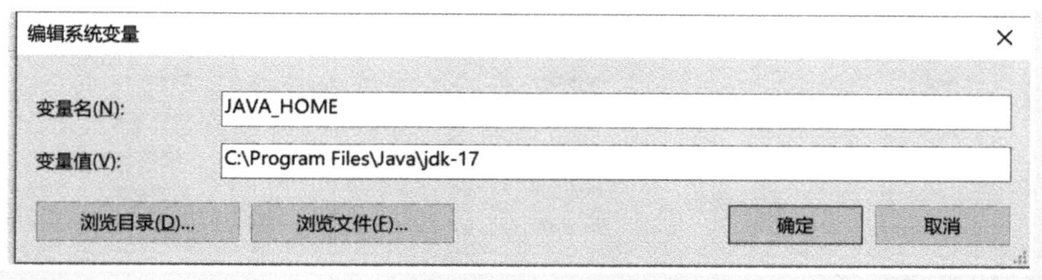

● 图 3-15 添加系统变量 JAVA_HOME 及其值

5）找到并选择“Path”变量，单击“编辑”按钮，在弹出的“编辑环境变量”对话框中单击“新建”按钮添加环境路径“%JAVA_HOME%\bin”，如图 3-16 所示。

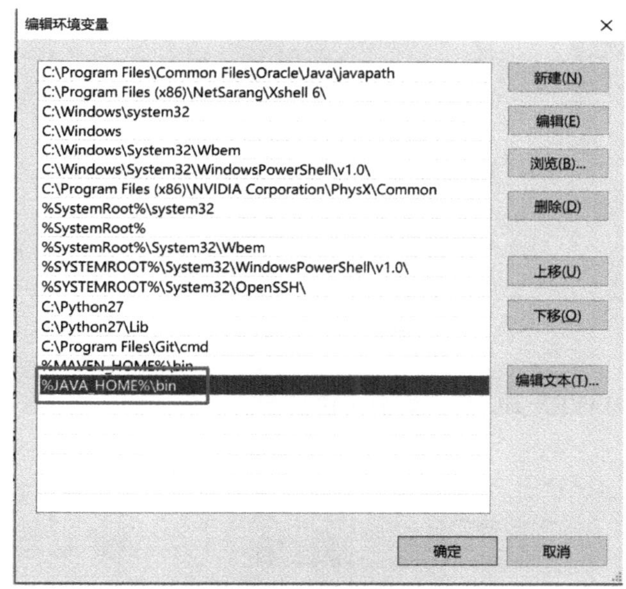

● 图 3-16 添加环境路径“%JAVA_HOME%\bin”

6）验证安装

进入 cmd 命令行，输入“java --version”，输出 GraalVM 版本。

2. Maven 安装

1）访问 https://maven.apache.org/download.cgi 地址并下载 Binary 格式的 zip 文件，如图 3-17 所示。

2）若因为网络原因无法下载，可访问 gitee 备用库地址 https://gitee.com/welsh-wen/test-tech-logic-guide/tree/master 进行下载，如图 3-18 所示。

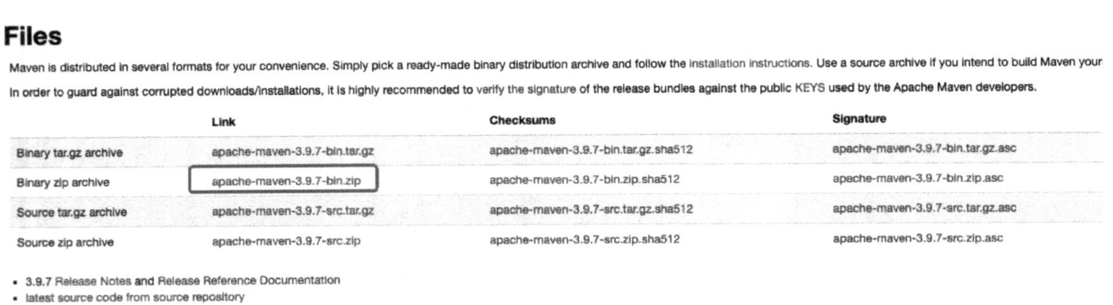

● 图 3-17　Maven 下载

● 图 3-18　通过备用库地址下载 Maven

3）添加系统变量 MAVEN_HOME，如图 3-19 所示。

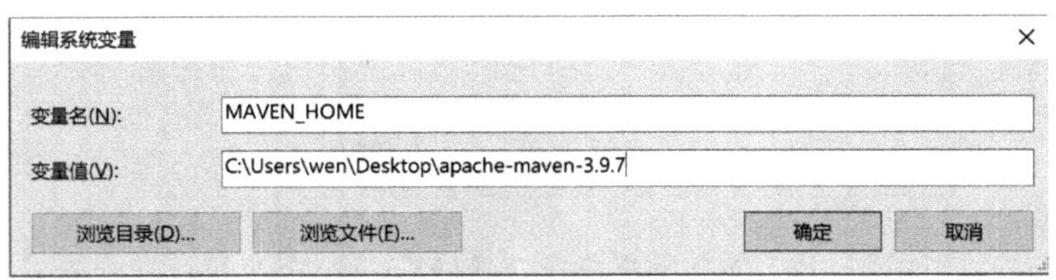

● 图 3-19　添加系统变量 MAVEN_HOME

4）添加环境变量路径“%MAVEN_HOME%\bin”，如图 3-20 所示。

5）在 cmd 命令行输入 mvn --version，输出 mvn3.9.7 表示安装成功。

3. git 安装

1）下载 git 客户端，访问 https://git-scm.com/download/win，根据系统版本选择下载链接。

2）若因为网络原因无法下载，可以在 git@gitee.com:welsh-wen/test-tech-logic-guide.git 上进行

下载，如图 3-21 所示。

● 图 3-20　添加环境变量路径“%MAVEN_HOME%\bin”

● 图 3-21　通过备用库地址下载 git

3）下载后，按照默认配置进行安装，出现“Completing the Git Setup Wizard”的提示信息表示安装成功。

4）在客户端下添加 user.name 以及 user.email 等信息，然后 clone 代码，如图 3-22 所示。

5）以上信息可以通过访问 https://gitee.com/welsh-wen/test-tech-logic-guide/tree/master 获取，进入页面后单击“克隆/下载”按钮，在弹出的页面的 SSH 选项栏下获取，如图 3-23 所示。

```
        2 个目录 13,965,185,024 可用字节

C:\Users\wen\wendada>
C:\Users\wen\wendada>git config --global user.name 'w

C:\Users\wen\wendada>git config   global user.email '

C:\Users\wen\wendada>dir
 驱动器 C 中的卷是 BOOTCAMP
 卷的序列号是 0246-9FF7

 C:\Users\wen\wendada 的目录

2024/06/09  15:59    <DIR>          .
2024/06/09  15:59    <DIR>          ..
               0 个文件              0 字节
               2 个目录 13,979,955,200 可用字节

C:\Users\wen\wendada>git clone https://gitee.com/welsh-wen/RuoYi-Cloud-Plus.git
Cloning into 'RuoYi-Cloud-Plus'...
remote: Enumerating objects: 47131, done.
remote: Counting objects: 100% (47131/47131), done.
remote: Compressing objects: 100% (14891/14891), done.
remote: Total 47131 (delta 20669), reused 47131 (delta 20669), pack reused 0
Receiving objects: 100% (47131/47131), 85.12 MiB | 5.97 MiB/s, done.
Resolving deltas: 100% (20669/20669), done.
Updating files: 100% (1629/1629), done.

C:\Users\wen\wendada>A
```

● 图 3-22　git 本地配置信息

● 图 3-23　获取 git 配置信息

4. IntelliJ IDEA 安装

1）下载 IDEA 工具，访问 https://www.jetbrains.com.cn/idea/download/? section=windows 进行下载。

2）安装后，打开 IDEA 工具选择 Open File or Project 打开提前复制的项目路径，打开时单击

“Trust Project”按钮，项目会自动打开，如图 3-24 所示。

● 图 3-24 单击“Trust Project”按钮

5. MySQL 安装

1）访问 MySQL 下载地址 https://dev.mysql.com/downloads/installer/，选择合适的版本进行下载。

2）按照引导提示进行安装，直到出现安装成功页面，如图 3-25 所示。

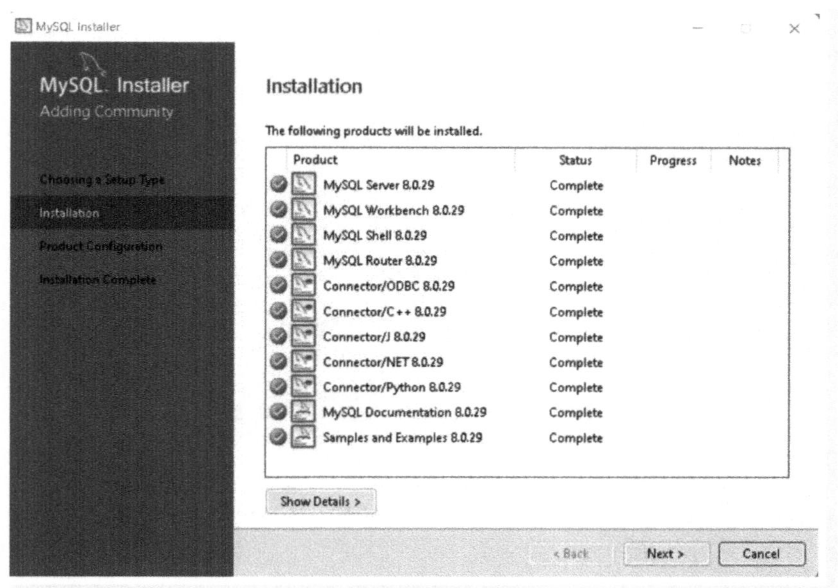

● 图 3-25 MySQL 安装成功页面

3）配置 MySQL 实例 Connectivity，设置端口（默认 3306）和允许的网络访问。

4）在 Accounts and Roles 页面，选择 Use Strong Password Encryption 模式，且设置 MySQL root 用户的密码，并记录下来，如图 3-26 所示。

5）配置 Windows 服务，检查链接是否正常并启动服务，如图 3-27 所示。

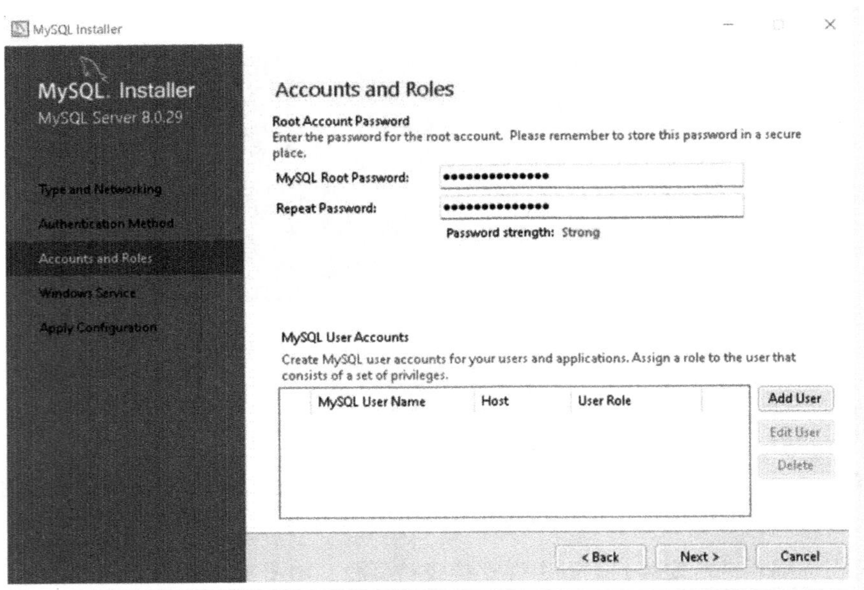

● 图 3-26　设置 MySQL root 用户密码

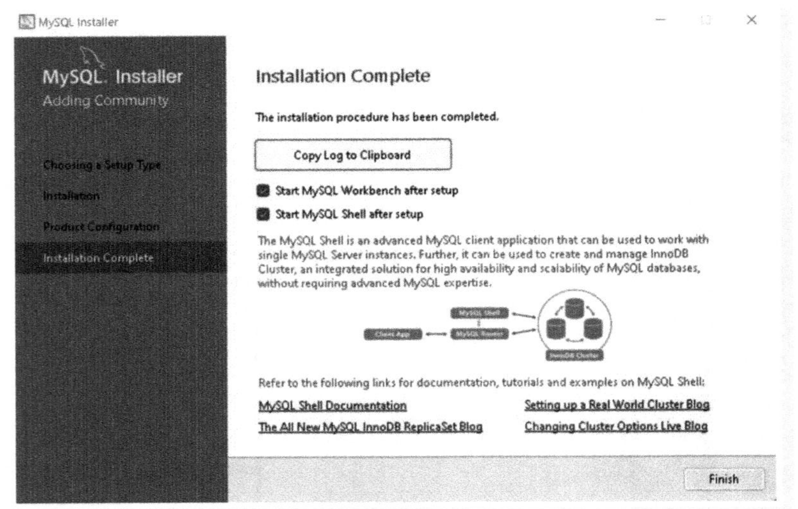

● 图 3-27　启动 MySQL

6）打开 cmd 命令行，使用 MySQL 命令和 -u 选项来指定用户名，-p 选项来提示输入密码。输入命令后，按<Enter>键，会提示输入密码，链接成功后会展示 MySQL 版本，代码如下。

```
# 输入以下指令按 Enter
mysql -u root -p
```

```
# 提示输入密码
Enter password:
# 链接成功后,展示 Mysql 版本信息
Welcome to the MySQL monitor.  Commands end with ; or \g.
Your MySQL connection id is 24951
Server version: 8.0.26 Source distribution
Type 'help;' or '\h' for help. Type '\c' to clear the current input statement.
mysql>
```

6. Redis 安装

1）访问地址 https://github.com/microsoftarchive/redis/releases 下载 zip 包（Redis 安装包）。

2）在对应目录下解压缩安装包并找到 redis-server.exe 文件，如图 3-28 所示。

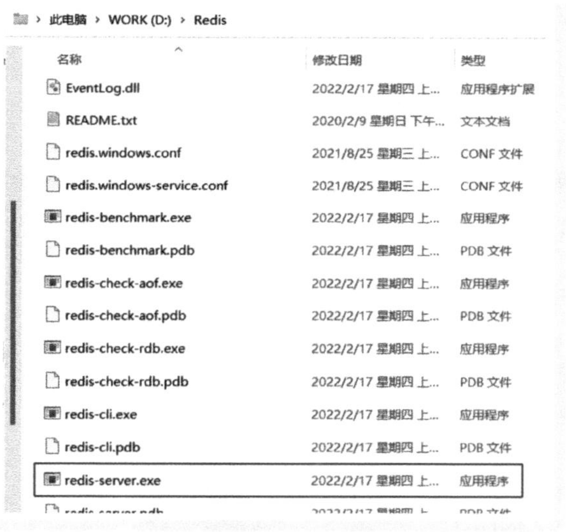

● 图 3-28　找到 redis-server.exe 文件

3）通过 cmd 命令进入解压缩路径，且启动 Redis 服务。

```
redis-server.exe redis.windows.conf
```

4）同时通过 redis-cli.exe 客户端链接服务，命令如下。

```
redis-cli.exe -h 127.0.0.1 -p 6379
# 或直接输入命令
redis-cli.exe
```

5）验证是否链接成功，执行 ping 命令后出现 PONG 则表示链接成功。

7. Nodejs 安装

1）下载 Nodejs 安装包，访问 https://nodejs.org/en/，单击 Download Node.js （LTS） 进行

下载。

2）自定义安装，默认选择 Node.js runtime 后，再单击 Next 按钮，如图 3-29 所示。

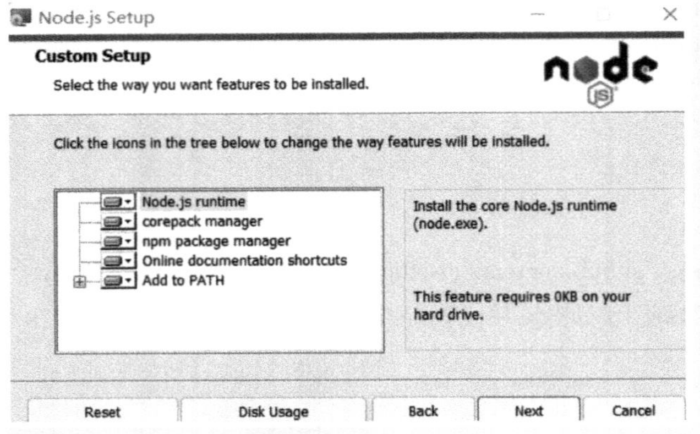

● 图 3-29　自定义安装

3）不建议安装在 C 盘，这里修改成 E 盘，安装后在 E 盘路径下会出现 node_cache 与 node_global 文件夹，如图 3-30 所示。

● 图 3-30　安装后出现 node_cache 与 node_global 文件夹

4）进行变量配置，右击“我的计算机”，在弹出的菜单中，选择“属性”→“高级系统设置”→“环境变量”，在弹出的对话框可以看到“系统变量”及“用户变量”。在“系统变量”里增加 NODE_HOME 变量，如图 3-31 所示。

5）同时在系统变量的“Path”中添加“%NODE_HOME%、%NODE_HOME%\node_global、%NODE_HOME%\node_cache”的值，如图 3-32 所示。

6）在步骤 4）弹出的“用户变量”对话框编辑 npm 默认路径，将 C:\User\35025\AppDate\Roaming\npm 改为 nodejs 实际安装路径 E:\Program Files\nodejs\node_global，如图 3-33 所示。

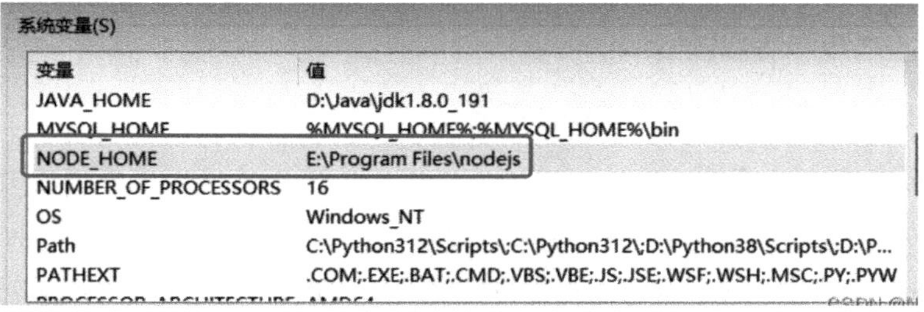

● 图 3-31　配置系统变量 NODE_HOME

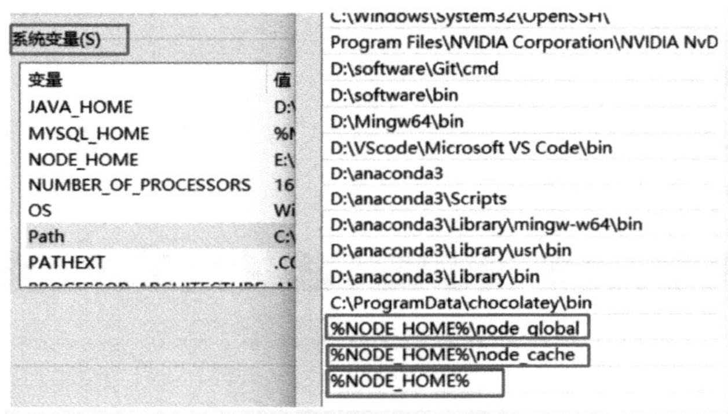

● 图 3-32　配置系统变量“Path”

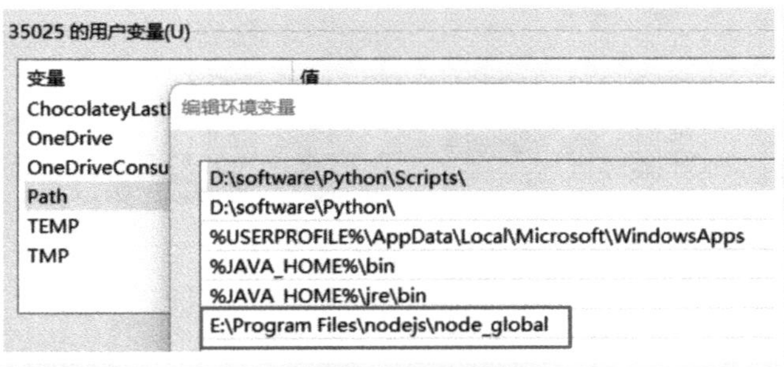

● 图 3-33　修改用户变量路径

7）进入 CMD 命令行，输入 node -v 以及 npm -v 出现对应版本表示安装成功。

```
node -v
# 输出 v20.11.1

npm -v
# 输出 10.2.4
```

3.6.4 本地编译部署

本节以 Mac 系统为例进行演示本地编译部署。

1. 使用 Gitee 配置 SSH 密钥

1）确保计算机已经安装了 git 工具，输入命令 git --version，返回版本表示 git 无问题。

2）通过 Mac 命令行配置 ssh 密钥，配置后包含公钥和私钥，文件后缀是 pub 的为公钥。

```
# PC 本地命令行生成 RSA 密钥
ssh-keygen -t rsa

# 获取 RSA 公钥内容
cat ~/.ssh/id_rsa.pub
```

3）访问 https://gitee.com/并注册个人账号，进入个人设置 -> SSH 公钥 -> 添加公钥，将 id_rsa.pub 公钥添加进去，如图 3-34 所示。

● 图 3-34　SSH 公钥设置

4）进入 CMD 命令行，输入 ssh -T git@gitee.com，如果返回 successfully 就表示配置成功。

2. 本地环境初始化

1）为确保本地 Jdk、Maven、NodeJs 环境就绪，执行以下命令检验环境是否都已经安装就绪：java --version、mvn --version、npm --version，如图 3-35 所示。

```
wendada@wendadadeMacBook-Pro ~ % java --version
openjdk 17.0.9 2023-10-17
OpenJDK Runtime Environment GraalVM CE 17.0.9+9.1 (build 17.0.9+9-jvmci-23.0-b22)
OpenJDK 64-Bit Server VM GraalVM CE 17.0.9+9.1 (build 17.0.9+9-jvmci-23.0-b22, mixed mode, sharing)
wendada@wendadadeMacBook-Pro ~ % mvn --version
Apache Maven 3.9.6 (bc0240f3c744dd6b6ec2920b3cd08dcc295161ae)
Maven home: /usr/local/Cellar/maven/3.9.6/libexec
Java version: 17.0.9, vendor: GraalVM Community, runtime: /Library/Java/JavaVirtualMachines/graalvm17/Contents/Home
Default locale: zh_CN_#Hans, platform encoding: UTF-8
OS name: "mac os x", version: "12.1", arch: "x86_64", family: "mac"
wendada@wendadadeMacBook-Pro ~ % npm --version
10.2.4
wendada@wendadadeMacBook-Pro ~ %
```

● 图 3-35　检验环境是否都已经安装就绪

2）另外，检查 MySQL 服务以及端口 3306 是否启动，检查 Redis 服务以及端口 6379 是否启动，如图 3-36 所示。

```
wendada@wendadadeMacBook-Pro ~ % mysql --version
mysql  Ver 8.3.0 for macos12.6 on x86_64 (Homebrew)
wendada@wendadadeMacBook-Pro ~ % netstat -an|grep 3306
tcp4       0      0  127.0.0.1.3306         *.*                    LISTEN
tcp4       0      0  127.0.0.1.33060        *.*                    LISTEN
udp4       0      0  192.168.90.117.63306   114.114.114.114.53
udp4       0      0  192.168.90.117.53306   114.114.114.114.53
wendada@wendadadeMacBook-Pro ~ % netstat -an|grep 6379
tcp6       0      0  ::1.6379               *.*                    LISTEN
tcp4       0      0  127.0.0.1.6379         *.*                    LISTEN
udp4       0      0  192.168.90.117.63793   114.114.114.114.53
udp4       0      0  192.168.90.117.63799   114.114.114.114.53
udp4       0      0  *.63791                *.*
udp4       0      0  192.168.90.117.63792   114.114.114.114.53
udp4       0      0  192.168.90.117.63792   114.114.114.114.53
wendada@wendadadeMacBook-Pro ~ %
```

● 图 3-36　端口检查

3. 使用 IDEA 加载后端项目

打开 IDEA 工具，选中 Get from VCS，填写 git 地址 git clone git@gitee.com:welsh-wen/RuoYi-Vue-Plus.git，如图 3-37 所示。

下载完成后，根据提示选择“Trust Project”按钮（这一步比较重要，可以省去配置项目目录结构的工作），如图 3-38 所示。

4. 配置 JDK 版本

首次打开项目，需要指定 JDK 版本，具体步骤为：Project Settings -> Project -> SDK，找到 graalvm17 -> 单击“Apply”按钮，如图 3-39 所示。

进入 DromaraApplication.java 文件，可能会看到“String”标红，如图 3-40 所示。

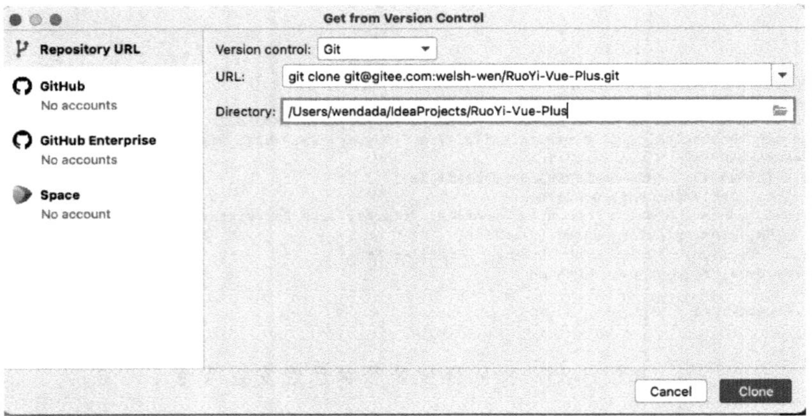

● 图 3-37　填写 git 地址

● 图 3-38　信任项目

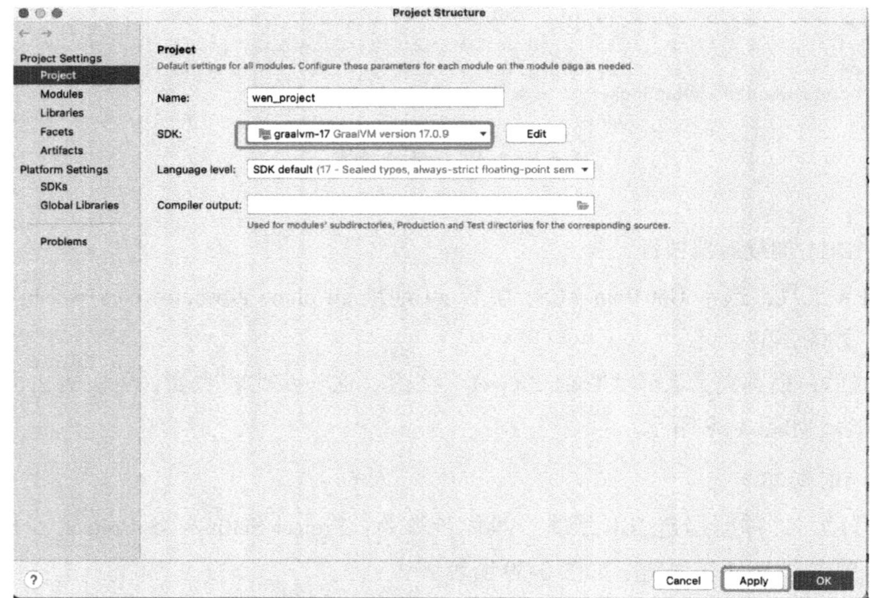

● 图 3-39　设置 SDK

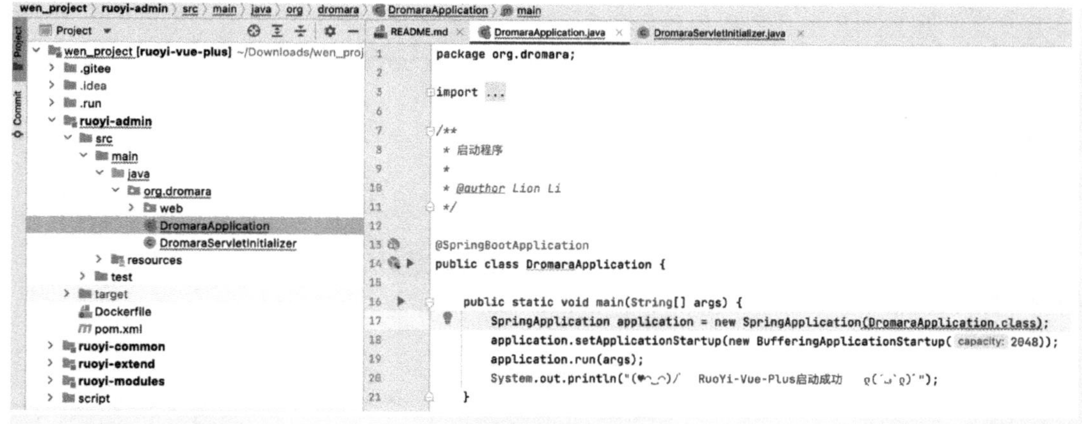

● 图 3-40 “String” 标红

若出现此情况（“String” 标红），重新加载项目即可恢复，如图 3-41 所示。

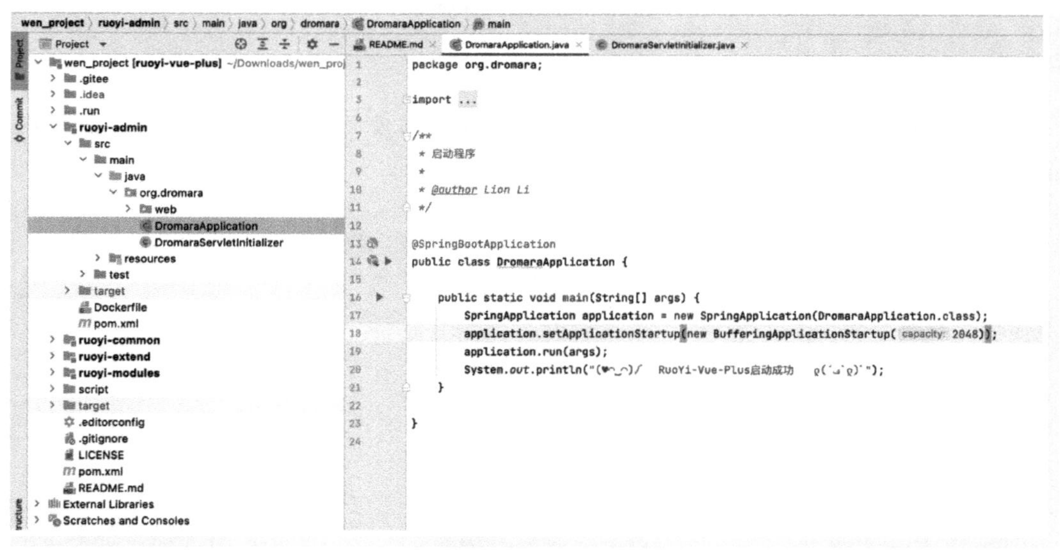

● 图 3-41 重新加载后

5. 配置 MySQL

（1）配置 MySQL 链接信息

进入 application-dev.yml 文件，将 master 库的数据库改为 ry-vue，username 的值为 root，password 的值为 12345678，slave 库同理修改。

同时注意 username 与 password 后的值前面需要一个空格，否则配置会失效，如图 3-42 所示。

● 图 3-42　配置 MySQL

（2）初始化 MySQL 表

在项目 script 的 sql 文件夹下找到 MySQL 找到 SQL 脚本文件：flowable.sql、ry_vue_5.X.sql、snail_job.sql 文件，如图 3-43 所示。

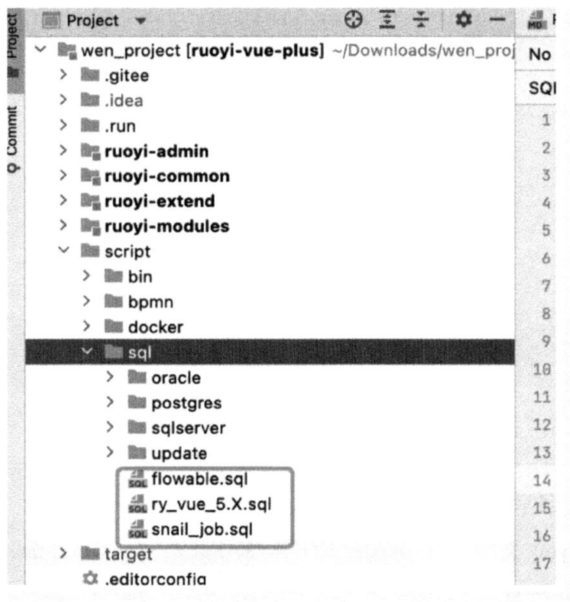

● 图 3-43　找到 SQL 脚本文件

使用 MySQL 客户端连接到 MySQL 数据库，手动创建 ry-vue 库。同时按照顺序依次加载 SQL 脚本：ry_vue_5.X.sql、flowable.sql、snail_job.sql 文件（注意：若顺序不对可能导致表创建失败），整个过程需无报错产生，如图 3-44 所示。

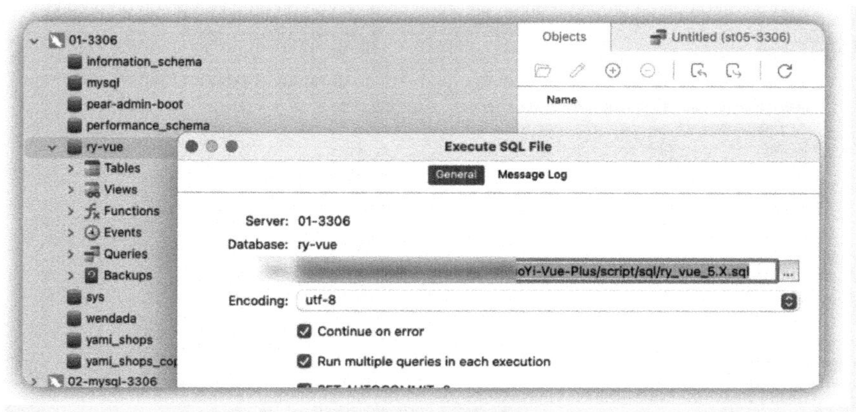

● 图 3-44　加载 SQL 文件

加载完成后，检查表数据，如图 3-45 所示。

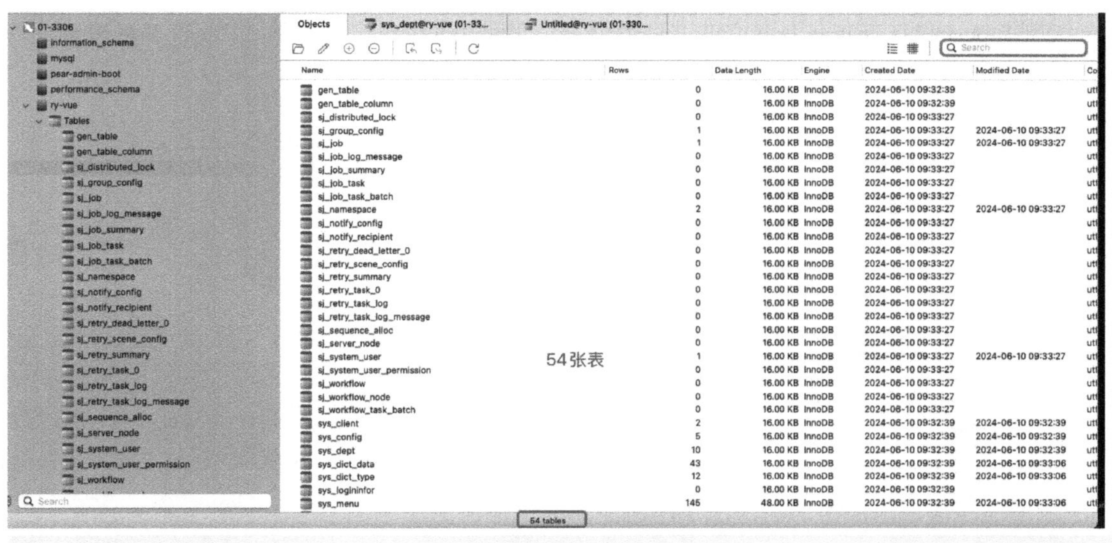

● 图 3-45　检查表数据（ry-vue 库共有 54 张表）

6. 配置 Redis

同理在 application-dev.yml 文件内设置 redis 端口与 host 地址，这里默认端口是 6379 以及 host 地址为 localhost，如图 3-46 所示。

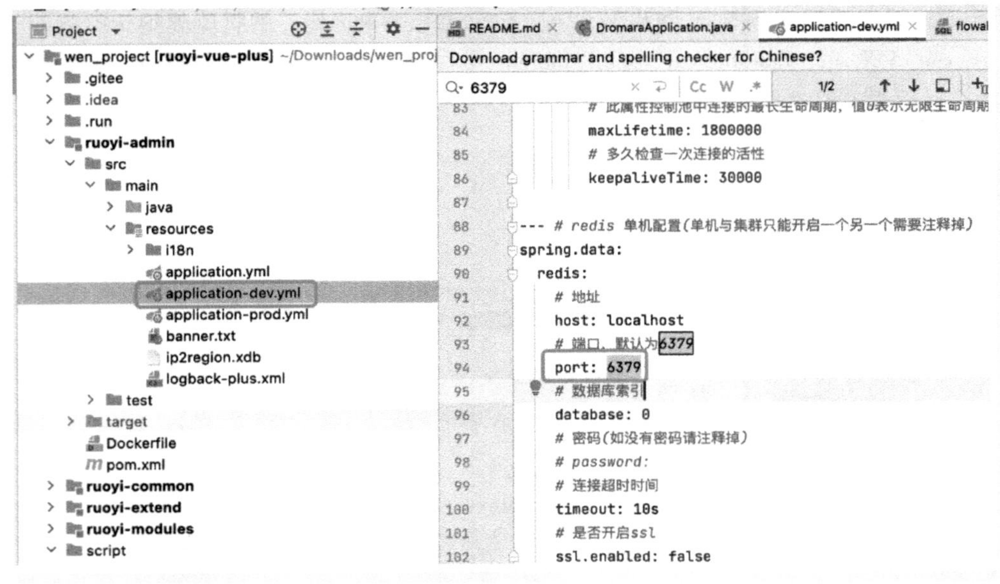

● 图 3-46 配置 Redis

7. 启动后端代码

找到 DromaraApplication.java 文件并且运行它，直到 Run 控制台下出现“RuoYi-Vue-Plus 启动成功”则表示成功，如图 3-47 所示。

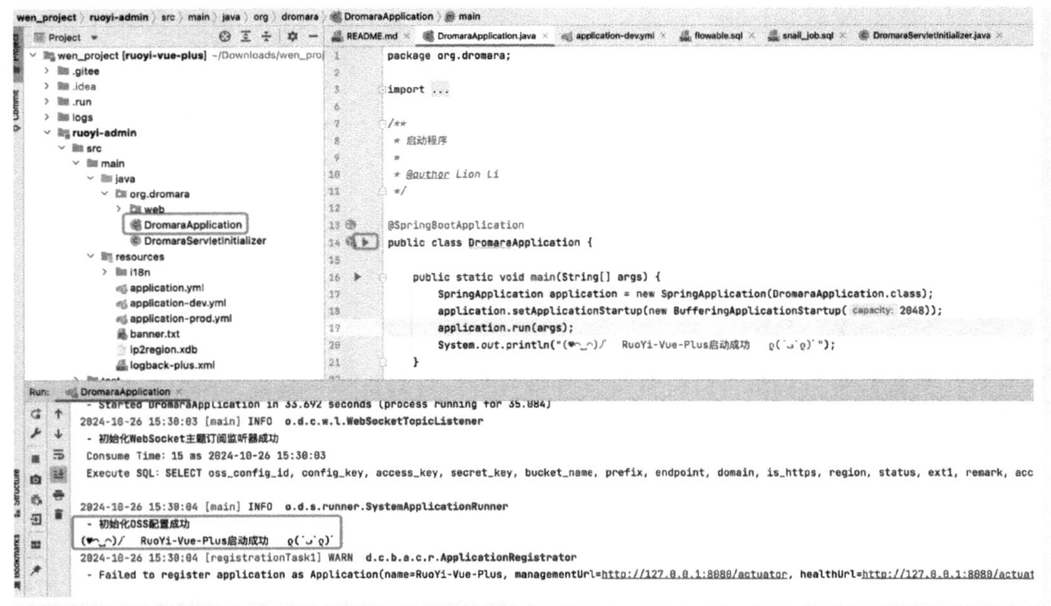

● 图 3-47 启动后端代码

8. 启动前端代码

（1）加载前端代码

同理通过 IDEA 加载前端代码：git clone git@gitee.com:welsh-wen/plus-ui.git，如图 3-48 所示。

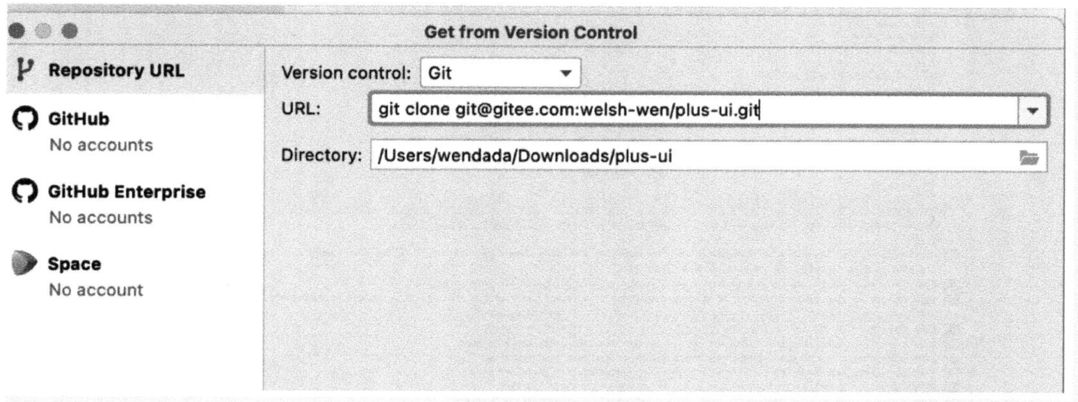

● 图 3-48　加载前端代码

打开 plus-ui 项目代码，同时选择“Trust Project”选项。

进入项目 README.md，需要执行安装依赖命令和启动服务命令，如图 3-49 所示。

● 图 3-49　README.md 下的指令

(2) 下载依赖

切换到 Terminal 页面，执行命令：sudo npm install --registry = https://registry.npmmirror.com，等待较长一段时间后，出现“added 811 packages in 5m”的提示信息表示下载成功，如图 3-50 所示。

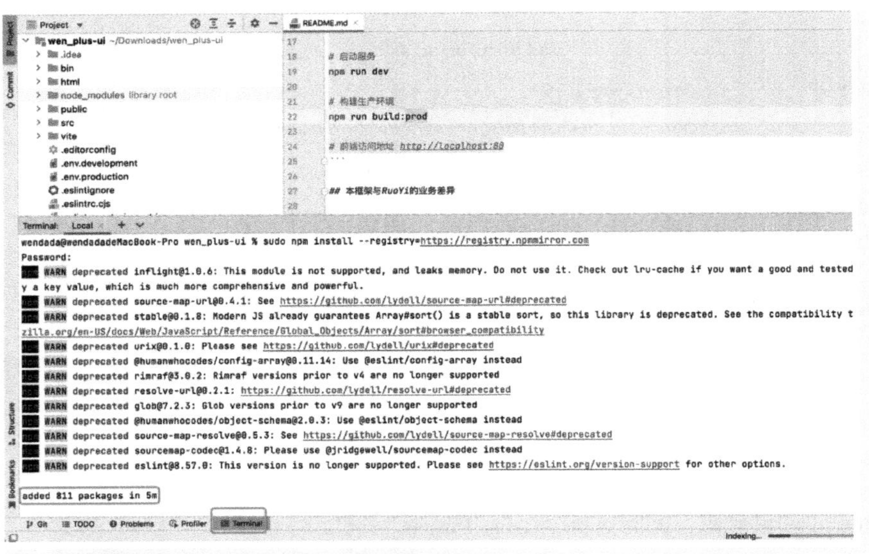

● 图 3-50　下载依赖

(3) 启动服务

执行命令 sudo npm run dev 以启动服务，如图 3-51 所示。

● 图 3-51　启动服务

9. 使用浏览器访问登录页面

1）访问 http://localhost/login，输入默认用户名和密码（admin / admin123）进行登录，如图 3-52 所示。

● 图 3-52 访问登录页面

2）进入首页，看到首页中有系统管理、租户管理、系统监控等选项，如图 3-53 所示。

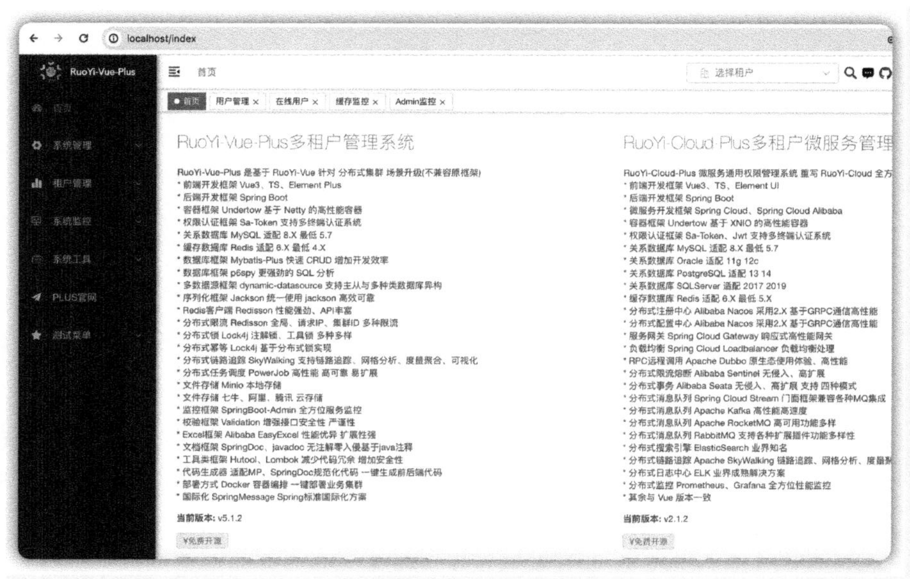

● 图 3-53 首页

3.6.5 在线体验地址

此项目也提供了在线体验地址 https://plus-doc.dromara.org/#/common/demo_system。特别提示：此地址仅做演示用，建议读者不要修改默认密码以及对该网址进行压测，如图 3-54 所示。

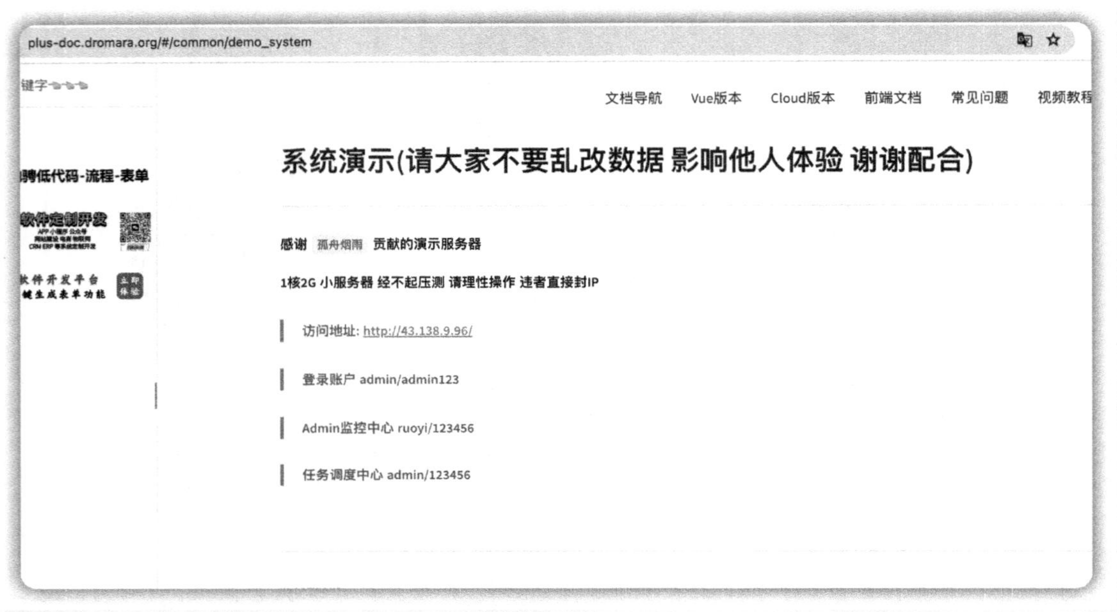

图 3-54　在线体验地址

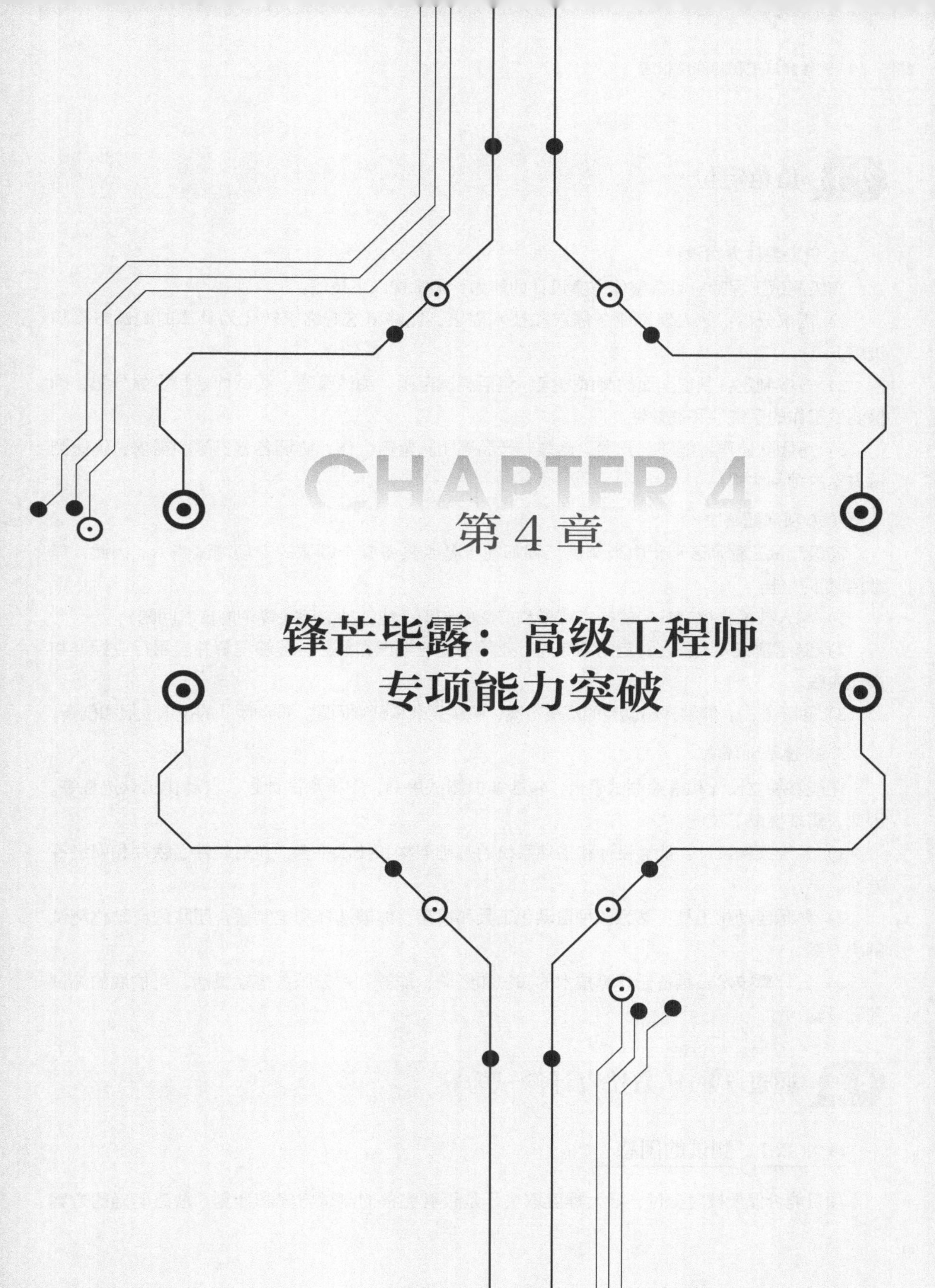

CHAPTER 4

第4章

锋芒毕露：高级工程师专项能力突破

4.1 角色定位

1. 负责整体方案设计

高级测试工程师应具备整体方案设计的能力，需掌握以下技能：

1）需求分析：深入理解业务需求和技术需求，能够将这些需求转化为具体的测试方案和策略。

2）方案制定：制定全面的测试方案，包括测试范围、测试策略、测试计划和资源分配，确保测试工作的系统性和高效性。

3）跨团队协作：能够与开发、运维、产品等团队紧密合作，协调各方资源和需求，确保测试方案的顺利实施。

2. 专项问题解决

高级测试工程师区别于中级测试工程师在于是否具备某个领域的专项测试能力。因此，需掌握以下技能：

1）深入技术：拥有扎实的技术背景和广泛的知识，能够独立解决复杂的技术问题。

2）专业领域知识：在特定的领域或行业具备专业知识和经验，能够理解并应用行业标准和最佳实践。

3）创新能力：能够提出创新的解决方案，解决复杂和疑难问题，推动团队的技术发展和创新。

3. 搭建基础环境

还能够独立设计和搭建测试平台，包括维护测试用例、安排测试计划、自动化工具选型等。因此，需掌握以下技能：

1）系统架构设计：能够设计和搭建系统的基础架构和技术平台，包括硬件、软件和网络等方面。

2）熟悉自动化工具：熟悉各种自动化工具和框架，能够选择和定制适合团队的自动化测试解决方案。

3）云计算技术：具备云计算技术的知识和经验，能够利用云服务搭建灵活、可扩展的测试基础设施。

4.2 通过 5W1H 方法设计测试方案

4.2.1 测试的困惑

项目能否保质按时交付，很大程度取决于是否有完备的测试方案和计划。缺乏明确的方案和计划，可能会导致以下问题：

1）研发 BUG 未及时修复：临近发版时，研发的 BUG 还未修复完毕，导致回归测试的时间严重不足。

2）测试时间被压缩：原计划的测试时间因研发版本提测时间延期而被压缩，测试进度受到影响。

3）临时任务的干扰：测试过程中被插入过多的临时任务，导致测试时间不足，测试无法全面覆盖。

4）资源不足：测试过程中发现测试服务器资源不够用，申请和审批流程又需要时间，导致测试进度延误。

5）交接不畅：如负责某个模块的同事请假，替补人员接手时发现交接文档缺失，只能重新梳理需求，浪费时间。

出现上述情况的原因大多是测试计划不够完善导致的。高级测试工程师应通过 5W1H 来思考测试计划的大纲，然后在此基础上编写详细的测试计划。

4.2.2 5W1H 方法制订计划

使用 5W1H 方法编写测试计划：

1）what：需求是什么？

2）why：为什么要实现这个功能？背景和目的是什么？能给用户或公司带来多大的价值？

3）when：项目周期多长，开发时间和提交测试时间是什么时候？什么时候需要交付给用户？测试周期需多长？

4）who：项目各个环节的直接责任人、干系人是谁？谁来主导？需要多少人来参与？

5）where：相关资源的位置和路径，版本、文档在哪？

6）how：如何去测？用什么资源？依据什么？工具如何选型？案例要执行到什么粒度？

以淘宝商城为例，通过 5W1H 方法来制订测试计划。

（1）what

1）项目是淘宝商城，它分为商家端与客户端。

2）商家端支持商品管理，包括商品创建、商品上下架、自定义商品分类、自定义展示模块、支持商品评论、自定义规格等。

3）商家端支持门店管理，包括提货地点、运费、门店轮播图、热搜页面、公告页面管理等。

4）商家端支持会员管理，包括注册时间、用户个人信息、用户状态。

5）商家端支持订单管理，包括订单详情查询、待发货订单导出、销售记录导出。

6）客户端支持在移动端、微信等入口对商品进行购买，同时支持对订单进行管理及收货地址管理。

（2）why

自主研发的电商平台，支持 O2O、B2C、B2B2C 等销售模式，对标某东的电商平台。

（3）when

1）目前整体周期是 4.5 个月。

2）1 个月产品调研（包含竞对调研、产品需求设计）。

3）2 个月代码开发（包含研发设计、代码开发、本地自测、修改 BUG）。

4）1 个月测试时间（包含用例设计、功能测试、性能测试、发版回归测试）。

5）0.5 个月线上试运行（包含线上部署、用户反馈、版本更新）。

（4）who

1）小 A 负责产品设计，需要输出需求文档。

2）小 B 负责研发，负责拆解需求，然后分配给小 C、小 D ……进行编码，最终交付版本。

3）小 F 负责测试，负责测试方案设计，将拆解任务分配给小 G、小 H ……，然后他们各自负责模块测试用例设计，最后进行测试。

4）小 K 负责运营，负责版本部署、线上问题收集与反馈、版本更新。

（5）where

1）相关资源的位置和路径，版本、文档在哪可以获取。

2）产品设计文档、研发设计文档、测试用例文档记录在配置管理系统（如 Confluence）上。

3）测试维护分支部署：2.6-test 分支到 2.6-release 分支。

（6）how

1）如何去测？用什么资源？依据什么？工具如何选型、案例要执行到什么粒度。

2）需要测试的范围：覆盖后端管理页面，App 端、微信端商城功能，兼容性等相关内容。

3）需要的硬件资源：Linux 服务器、计算机、主流 iOS/安卓手机等。

4）需要的软件资源：Xshell、Fiddler、Chrome、Mysql 客户端、Postman 等。

4.2.3 测试方案制定

每个公司都有自己的模板，以下是业界较为通用的一个模板。

（1）项目背景

概述项目的背景信息，包括目标、范围、关键功能和背后的业务需求。

（2）测试目标

确保在使用软件之前，尽可能地发现软件中存在的问题以及提升用户体验，排除软件中潜在的错误，最终把高质量的软件系统交付给用户。测试范围包括功能、性能、UI、安全性、兼容性、易用性。

（3）测试文档

测试文档包含测试方案、测试用例、测试报告等。

（4）相关行业术语

相关领域出现的专业词汇，如电商领域需要从业者理解以下术语，如表 4-1 所示。

表 4-1　电商领域术语

术　语	定　义
库存管理	确保商品信息的准确性，防止缺货或过剩
订单处理	从用户下单到发货的整个流程，包括订单确认、支付验证、包装和物流
结账	用户完成购物流程，确认并支付订单的过程
支付网关	在线支付交易的服务，负责将用户支付的款项转移给商家
……	……

（5）配置要求

配置要求包含系统硬件以及与其搭配的数据库、中间件的版本要求等，如表 4-2 所示。

表 4-2　配置要求

模　块	软　件
硬件要求	8C16G 服务器
系统要求	Linux CentOS7
数据库要求	MySQL1.7 及以上、Redis 5.0 以上
中间件要求	Nginx1.8 及以上
……	……

（6）测试策略及用例设计

这部分包括单元测试、集成测试、系统测试、验收测试，其中单元测试与集成测试由研发人员主导，系统测试由测试人员主导，验收测试由客户或第三方团队主导。

1）单元测试。

目的：发现各模块内部可能存在的各种差错，因此，需要从程序内部结构出发设计测试用例。

用例设计：

① 边界条件：确保在测试用例中覆盖各种边界条件，包括最小值、最大值、边界值和特殊情况，以验证代码在极端情况下的表现。

② 异常情况：针对可能发生的异常情况设计测试用例，以确保代码能够正确地捕获和处理异常，并返回期望的错误信息或状态。

③ 输入验证：验证输入数据的有效性和正确性，包括边界检查、数据类型检查等，确保代码能够正确处理各种可能的输入。

④ 状态测试：确保在执行测试用例后，系统的状态符合预期，如对象的属性是否正确更新、资源是否正确释放等。

⑤ 依赖模拟：如果单元依赖于其他组件、服务或库，使用模拟、存根或桩来隔离单元，确保测试专注于被测单元。

⑥ 可重复性：测试用例应该是可重复的，即在任何环境下都能够产生相同的结果。这有助于排除环境因素对测试结果的影响。

⑦ 独立性：单元测试应该是相互独立的，一个测试的结果不应该影响其他测试。这有助于诊断和定位问题。

⑧ 性能：对于性能敏感的单元，可能需要设计性能测试用例，以确保其在合理的时间内完成任务。

⑨ 可读性和可维护性：编写清晰、简单、易于理解的测试用例，以便未来维护和修改；遵循良好的测试代码编写原则。

注：单元测试对测试者的代码编写基础要求较高，所以在真实项目中大多数都是由研发人员来写设计与实现对应的测试用例。

2）集成测试。

目的：所有的模块按照设计要求组装起来后，验证功能与数据上是否有缺陷。

用例设计：

① 接口测试：确保系统内部各组件之间的接口能够正确地传递数据和进行交互，包括函数调用、API 请求等。

② 数据一致性：验证不同组件之间的数据流是否一致，数据在整个系统中的处理和传递是否正确。

③ 模块集成：确保不同的模块（或组件）能够正确集成，并且集成后，整个系统能够按照预期的方式工作。

④ 协同工作：确保各组件在协同工作时没有冲突或者不一致的行为，如一个组件的输出是否正确地作为另一个组件的输入。

⑤ 错误处理：测试系统在集成时对错误的处理和恢复机制。确保当一个组件发生错误时，整个系统能够以合适的方式处理，而不导致系统崩溃或出现不稳定的行为。

3）系统测试。

目的：验证软件功能和性能及其他特性是否与用户的要求一致，包含功能测试、兼容性测试、安全测试、性能测试、易用性及本地化测试，以及可维护性测试。

① 功能测试。

目的：验证系统功能是否符合其需求规格说明书，核实系统功能是否完整，是否有冗余和遗漏功能。

用例设计：核实所有功能均已正常实现，即是否与需求一致。

② 兼容性测试。

目的：测试软件在不同平台上使用的兼容性。

用例设计：不同版本的浏览器、分辨率、操作系统分别进行测试。

③ 安全测试。

目的：测试软件系统对于非法侵入的防范能力。

用例设计：识别和测试潜在的安全漏洞，包括输入验证、身份验证和授权。

④ 性能测试。

目的：测试响应时间、事务处理效率以及事务并发峰值问题。

用例设计：评估系统高并发场景的业务量以及用户量，定义压测过程中用例通过标准，如系统资源占用率阈值、业务 TPS 等关键指标。评估需要构造的测试数据以及如何模拟这些数据，调研采用哪种压测工具以及哪种监控工具用于监控系统相关指标。

⑤ 易用性及本地化测试。

目的：测试在不同网络、不同服务器软硬件配置条件下，软件系统的质量。

用例设计：评估系统的用户界面和交互，确保用户友好性和易用性，测试系统在不同语言和地区环境下的表现。

⑥ 可维护性测试。

目的：测试系统是可以被运维以及维护的。

用例设计：检查系统用户手册描述是否清晰、可读性如何，检查系统本身的可维护性，包括代码结构、注释、文档和日志。

4）验收测试。

目的：验收测试又称 UAT（用户验收测试），通常是版本通过内部测试后，交付给客户时进行的用户验收测试，验证版本是否满足客户需求，通常由客户或者第三方团队进行。

① 测试资源。

测试资源包括人力资源、服务器资源以及测试工具资源，详情如表 4-3、表 4-4 所示。

表 4-3 测试人力资源

人员	角色	职责
李同学	项目经理	项目进度跟踪
张三	测试组长	制订整体测试计划、测试方案、分配测试任务
李四	功能测试工程师	功能测试用例的设计、执行
小明	性能测试工程师	性能测试方案的设计、执行
小鹏	自动化测试工程师	自动化工具调研、用例实现

表 4-4 测试服务器资源

服务器	用途
1.1.1.1	test 环境
1.1.1.2	release 环境
1.1.1.3	dev 环境

② 测试通过标准。

有“基于测试用例”和基于“缺陷密度”两种评比准则，例：

- 功能性测试用例通过率达到 100%。
- 非功能性测试用例通过率达到 95%。
- 没有高于优先级 level 3 的问题。

(7) 总结

测试方案能全盘梳理项目，包括项目开始时间、结束时间、测试周期、测试需求、测试计划资源、测试范围、测试用例以及测试通过标准等。

4.3 性能测试三剑客——设计方案/压测工具/找瓶颈

4.3.1 名词解释

在进行性能测试前，理解以下常用的名词和概念至关重要。它们将帮助读者在测试过程中更好地分析和解读结果。

1. 性能测试类型

性能测试类型如表 4-5 所示。

表 4-5 性能测试类型

名 词	解 释
基准测试（Benchmark Testing）	阶梯式施加压力，查看系统吞吐量及业务 TPS 是否持续增长
压力测试（Stress Testing）	测试系统某接口或多接口最大抗压能力，查看系统容错性以及可恢复性
并发测试（Concurrency Testing）	模拟多用户同时访问系统或对某个功能进行操作，观测系统状态（如读写并发、线程控制及资源争抢等）
疲劳测试（FatigueTesting）	系统在一定压力下进行长时间运行，观测系统状况（如内存泄漏、数据库连接池不释放、资源不回收等）

2. 性能测试名词

性能测试名词如表 4-6 所示。

表 4-6 性能测试名词

名 词	解 释
并发（Concurrency）	指一个处理器同时处理多个任务的能力
并行（Parallel）	多个处理器或多核处理器同时处理多个不同的任务

（续）

名　词	解　释
QPS（Query Per Second，每秒查询数量）	服务器每秒处理请求的数量
事务（Transactions）	是用户一次或者是几次请求的集合
TPS（Transaction Per Second，系统每秒处理事务的数量）	系统每秒处理事务的数量
请求成功数（Request Success Number）	在一次压测中，请求成功的数量
请求失败数（Request Failures Number）	在一次压测中，请求失败的数量
错误率（Error Rate）	在压测中，请求成功的数量与请求失败的数量的比率
最大响应时间（Max Response Time）	在一次事务中，从发出请求或指令系统做出响应的最大时间
最小响应时间（Mininum Response Time）	在一次事务中，从发出请求或指令系统做出响应的最少时间
平均响应时间（Average Response Time）	在一次事务中，从发出请求或指令系统做出响应的平均时间

3. 机器资源名词

机器资源名词如表 4-7 所示。

表 4-7　机器资源名词

名　词	解　释
CPU 利用率（CPU Usage）	CUP 利用率分用户态、系统态和空闲态。CPU 利用率是指：CPU 执行非系统空闲进程的时间与 CPU 总执行时间的比率
内存使用率（Memory Usage）	内存使用率指的是此进程所开销的内存
IO（Disk Input/Output）	磁盘的读写包速率
网卡负载（Network Load）	网卡的进出带宽、包量

4. 访问名词

访问名词如表 4-8 所示。

表 4-8　访问名词

名　词	解　释
PV（页面浏览量 Page View）	用户每打开 1 个网站页面，记录 1 个 PV。用户多次打开同一页面，PV 值累计多次
UV（网站独立访客 Unique Visitor）	通过互联网访问、浏览网站的自然人。1 天内相同访客多次访问网站，只计算为 1 个独立访客

通过以上名词解释，工程师能更好地理解与性能测试相关的概念，为制定和执行性能测试方案打下坚实的基础。

4.3.2 设计"合格"的性能测试方案

1. 项目背景

以 RuoYi-Vue-Plus 项目为例，假设有 1 个企业使用该系统，并且用户使用场景如下：

1）Admin 管理员批量导入全量企业用户。

2）每天企业员工 8 点定时登录系统。

3）每个部门项目经理监控本部门的在线用户量。

4）Admin 管理员监控全公司用户量。

性能测试目标是验证系统相关指标：最大用户导入量、每天 8 点系统承受的最大登录请求峰值、在线用户刷新请求峰值。

2. 方案编写范围

基于上述的项目背景，需要设计性能测试方案，包括以下内容：

1）需求分析。

2）环境构造和数据准备。

3）测试环境分析。

4）测试场景设计。

3. 分析指标

性能测试主要分析指标包括：业务 TPS、响应时间（Response Time）、资源（CPU/IO/Memory）消耗等。

1）环境构造和数据准备，如：搭建测试环境，构造测试数据，选取测试工具、测试桩等。

2）分析主要测试过程，如：测试执行策略、测试监控策略，以及测试过程中可能遇到的风险。

3）确定最终场景，需从性能基准测试、疲劳测试以及性能负载等纬度考虑。

4. 需求分析

（1）需求文档

1）客户明确需求：系统需支持的最大用户导入量、登录并发 50 次/s、在线用户监控刷新 5 次/s。

2）客户隐藏需求：系统需支持用户容量 1000 万（从用户体验角度来衡量）；用户登录响应时间控制在 0.5～1s 内，系统 CPU、内存、IO 消耗不能超过 30%～60%的阈值。

（2）市场调研

客户无明确需求，需基于客户现有数据进行推算。如企业用户 50 万，80%用户在 20%的时间内登录完成，即 40 万用户在 24min 内登录，需支持 277 次/s 的登录请求。

（3）明确指标

1）导入 Excel 支持 50 万用户。

2）登录 277 次/s。

3）刷新在线用户页面 17 次/s。

4）支持 50 万用户、1000 个部门的三级架构组织。

5. 环境部署及数据准备

（1）环境部署

确定服务器硬件配置、服务器部署方式（如分布式或单机），以及 Java 服务分配的内存大小。

（2）数据准备

1）通过系统自带的 Excel 导入工具构造数据，如有问题，考虑通过 API 工具（如 Postman、JMeter）或编程语言（如 Java、Python）模拟 HTTP 请求构造数据。

2）确保数据构造的完整性和准确性，避免脏数据。

6. 工具选择

根据系统所支持的协议来确定性能测试工具，详情见 4.3.3 节性能测试工具选择。

7. 指标监控

根据系统架构来确定需要监控的指标，详情见 4.3.4 节性能指标监控。

8. 基准测试

基准测试是通过逐步施加压力以验证系统在不同负载下的表现。

测试步骤如下：

1）用户导入：导入 20 万和 50 万用户，系统成功导入且资源占用小于 60%。

2）登录：模拟 50 万用户登录，设置压力线程（5、10、15、30、40、50），每组持续运行 10~30min，观察 TPS 增长，纪录最大 TPS，各项指标保持在 60%以下。

3）查询：50 万用户登录后，设置在线用户刷新压力线程（5、10、15、30、40、50），持续运行 10~30min，观察 TPS 增长，纪录最大 TPS，各项指标保持在 60%以下。

当增加压力机器的线程数或虚拟用户（Vuser）时，业务 TPS 会随之增加，增加到 30 左右达到最高峰值 150，再加大压力 TPS 随之下降，当然这需要进行系统调优（如何调优参考 4.3.5 节性能瓶颈分析），确保系统达到最佳状态，如图 4-1 所示。

并且需要检测 Web 页面响应时长，其中业界通用的用户感知时长标准如下：

1）流畅：< 1.0s。

2）可用：1.0s~2.0s。

3）卡顿：3.0s~5.0s。

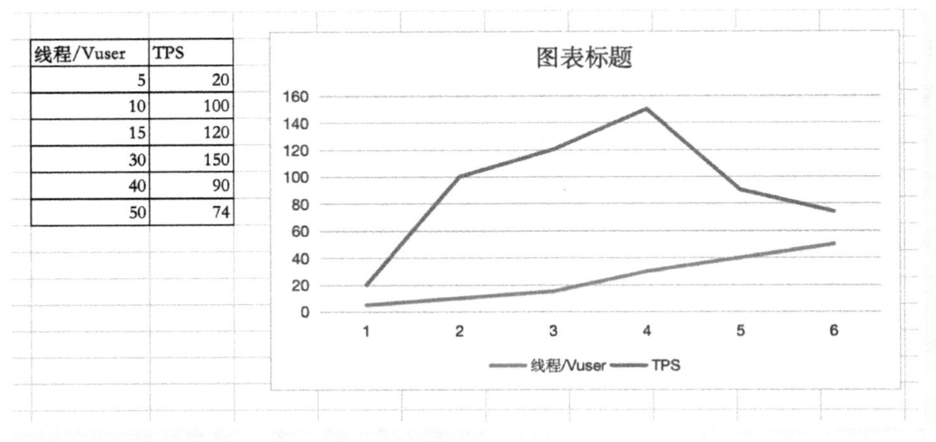

线程/Vuser	TPS
5	20
10	100
15	120
30	150
40	90
50	74

图 4-1　线程与 TPS 关系

4）阻塞：> 5.0s。

接口 API 响应标准如下：

1）流畅：< 100ms。

2）可用：100ms~200ms。

3）卡顿：500ms~1000ms。

4）阻塞：2000ms~5000ms。

5）不可用：> 5000ms。

9. 压力测试场景

压力测试验证系统在最大负载下的容错性和可恢复性。

测试步骤如下：

1）导入 60 万和 80 万用户：系统成功导入且资源占用小于 60%。

2）模拟 50 万用户登录，设置压力线程（50、100、150），每组持续运行 10~30min，观察 TPS 增长，纪录最大 TPS。当系统承受不住压力时，系统不再提供服务；当压力减少时，系统恢复服务。

3）50 万用户登录后，设置在线用户刷新压力线程（50、100、150），持续运行 10~30min，观察 TPS 增长，纪录最大 TPS。当系统承受不住压力时，系统不再提供服务；当压力减少时，系统恢复服务。

10. 疲劳测试场景

疲劳测试是指在长时间运行下验证系统的稳定性。

测试步骤如下：

1）模拟用户登录，在线用户刷新页面查询，设置对应压力线程（40、10），持续运行 7×24 小时，观察各项指标。

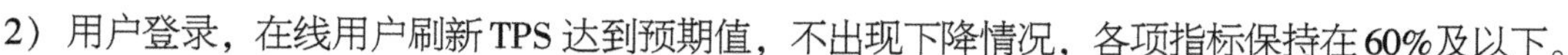

2）用户登录，在线用户刷新 TPS 达到预期值，不出现下降情况，各项指标保持在 60%及以下。

4.3.3 性能测试工具选择

1. 确定压测目标与协议

根据系统架构选择性能测试工具。常规系统架构客户端与后台服务端交互大致可分为 B/S 或 C/S 架构：

1）B/S 架构：常见通信协议为 HTTP 或 HTTPS。

2）C/S 架构：常见通信协议为 Socket。

系统是 B/S 架构并不意味着只需选取一个支持 HTTP 协议的工具即可。系统内部模块可能会使用一些中间件进行通信，例如 Tomcat、Weblogic、Jboss、Jetty、Webshere、Glassfish 等。如果这些中间件的通信出现速度慢的问题，还需要单独对中间件进行压测以寻找瓶颈。此外，中间件的后面可能还有存储系统，如图 4-2 所示。

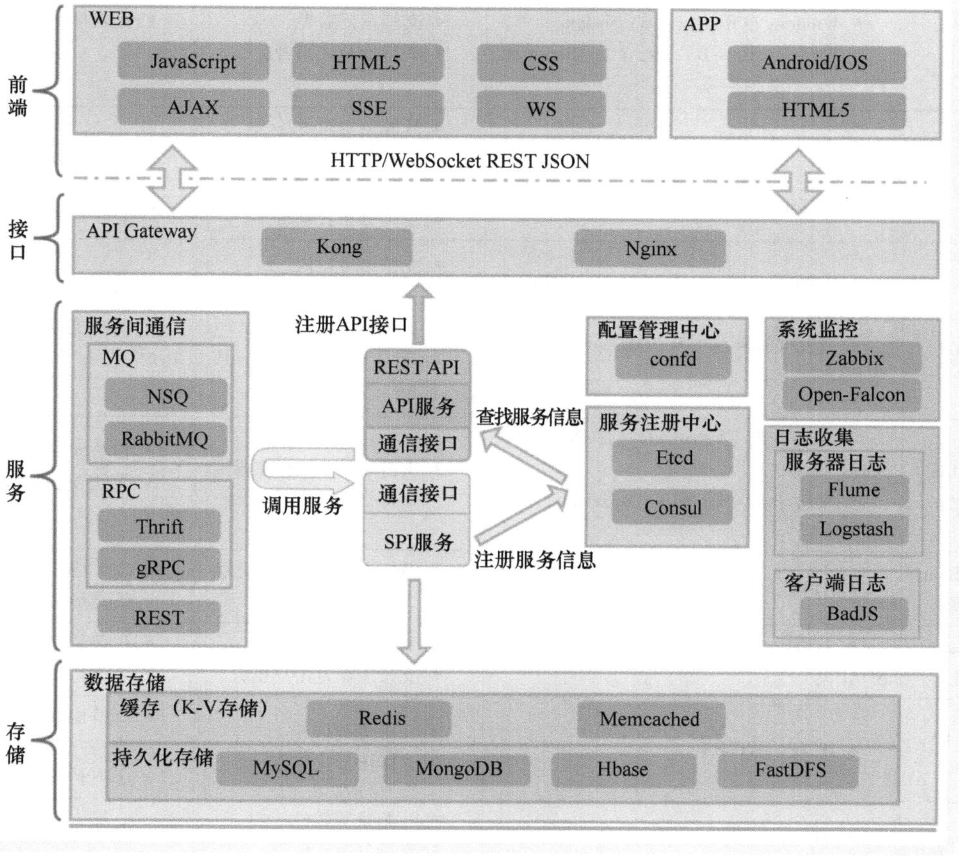

● 图 4-2　传统系统架构

一个标准的系统架构通常包括：客户端、网关、服务层和存储层。

为了对整个链路进行压测，入口是模拟客户端请求数据，协议可能是 HTTP 或 WebSocket，数据会经过网关、服务层到存储层。如果服务层间的通信（如 MQ）存在瓶颈，需要单独模拟 MQ 消息来确定瓶颈位置。如果存储层（如 Redis）的写入有问题，也需要单独对 Redis 进行测试以确定瓶颈位置。

2. 压测工具确定

选择压测工具需要明确性能测试的目标和通信协议，然后根据需求确定合适的压测工具。以下是 10 款业界常用的压测工具，以及它们支持的协议和优缺点，如表 4-9 所示。

表 4-9 性能压测工具

工具	支持协议	优点	缺点
Loadrunner（商业）	• Web（HTTP/HTML）、Web Services（SOAP/REST）、Database（ODBC）、SAP、Citrix、Java、.NET、MQTT、SMTP、POP3 • Windows 应用协议：WinSocket • 自定义：C/ VB / Java / JavaScript 和 VBScript 类型脚本等	• 支持千万用户负载 • 支持多种协议 • 支持指标监控 • 支持分布式部署	• 付费软件 • 安装与操作难度高
JMeter（开源）	• HTTP/2、FTP、JDBC、LDAP、SOAP、JMS 等。 • 支持加载插件自定义协议。	• 开源免费软件 • 支持图形化操作 • 支持插件扩展 • 支持分布式部署	• 监控指标少 • 对系统消耗较大
NeoLoad（商业）	• HTTP/2、WebSocket、GWT、HTML5、AngularJS、Oracle Forms 等 • 支持 JavaScript 和 COM/Java 对象来编写脚本	• 支持多种协议 • 支持面向团队的 DevOps • 支持图形化操作 • 支持云编排资源，用完即释放	• 付费软件 • 无法支持复杂协议或场景
WebLOAD（商业）	• HTTP/2、WebSocket、JSON、FTP、SMTP 等 • 支持 JavaScript 和 COM/Java 对象来编写脚本	• 支持多种 APM① 集成 • 支持指标监控	• 付费软件 • 无法支持复杂协议或场景
Apache Bench（开源）	• HTTP、HTTPS	• 轻量级工具，安装简单	• 支持协议单一 • 无图形页面
Loadstorm（商业）	• HTTP、HTTPS、WebSocket、REST、SOAP 等	• 云端压测工具 • 支持 100 万用户负载	• 付费软件 • 不支持本地测试
OpenSTA（开源）	• HTTP、HTTPS	• 开源免费软件 • 支持图形化操作	• 支持协议单一 • 支持在 Windows 平台 • 不支持持续集成
Locust（开源）	• HTTP、HTTPS、WebSocket、REST、SOAP 等	• 开源免费软件 • 支持分布式部署 • 多协议支持	• 基于 Python 自定义脚本，对编程有一定要求

（续）

工　具	支持协议	优　点	缺　点
Tsung（开源）	• HTTP、XMPP（RabbitMQ）、LDAP、WebSocket 等	• 开源免费软件 • 通过 XML 定义测试场景，无须编写代码 • 利用 Erlang 高并发特性，生成海量用户	• 需 Erlang 环境，学习成本高 • XML 不易于维护
Gatling（开源）	• HTTP	• 开源免费软件 • 支持指标监控 • 动态增加/减少用户并发数	• 基于 Scala 定义脚本，学习成本高 • 支持协议单一

① APM（Application Performance Monitor），即应用性能监控。

总结：压测工具没有绝对的好与坏之分，可以根据团队需求来选取。

假如要对 HTTP 的协议进行压测，大部分工具都支持，依据验证目的不同可以选取不同的工具：

1）想快速有个结论则用轻量级的 Apache Bench 就足够了。

2）若还需要支持 HTTP 以外的协议，同时想用开源的软件可以选取 JMeter。

3）若要求并发特性很高而且需要较为全面的监控指标选取 Loadrunner。

4）若压测链路较长需要很多团队共同完成压测则选取 NeoLoad。

5）若想省去烦琐的安装则选取压测工具 Loadstorm。

6）若对压测脚本自定义要求很高而且团队比较熟悉 Python 则选取 Locust。

4.3.4 性能指标监控

1. 指标监控

监控整条业务链路的各项指标，包含：业务指标、系统资源指标、JVM 指标、中间件指标、数据库指标，检测的目的是为了及时定位每个链路上是否存在性能瓶颈。

2. 业务指标

业务指标主要是并发用户数、响应时间、TPS、在线用户数和注册用户数等，业务监控指标及监控方式如表 4-10 所示。

表 4-10　业务监控指标及监控方式

指　标	解　释	监控方式
并发用户数	同时对模块业务进行操作的用户数，如 500 个用户同时登录系统，并发用户数即 500	通过压测工具监控，如 Loadrunner 通过事务图、Web 资源图监控；JMeter 通过 Listener 插件监控
响应时间	请求端到服务器端的总时长，如 500 个用户同时登录系统，系统一共花 2.5s 的响应时间	

（续）

指　　标	解　　释	监控方式
TPS	每秒处理事务数量，TPS = 并发用户/响应时间，如 500 个用户同时登录系统，系统花了 2.5s 全部处理，TPS 就是 200（500/2.5 = 200）	—
在线用户数	系统同时在线最大用户数，如 8 点至 10 点，陆续有 1200 人登录到该系统，10 点以后陆续有人下线，那么在线用户数即 1200 人	
注册用户数	系统数据库中存在用户数，如系统从 2023 年 2 月营业到现在，共有 2 万注册用户	

3. 系统资源指标

系统资源指标主要检测被测试服务以及压测工具所在系统的资源是否存在瓶颈，如网络带宽、磁盘空间、CPU 利用率等，包含但不局限于以下情况。

1）网络带宽达到 100%情况下则需要优化网络，对带宽扩容或从代码层面压缩传输的内容。

2）磁盘读写达到 100%情况同理，则需更换性能更好磁盘或优化 SQL 语句以提升读写性能。

3）若被压测服务器存在 CPU 利用率 100%的情况，则说明压测工具系统资源不足需要对其进行负载分压。

系统监控指标及监控工具如表 4-11 所示。

表 4-11　系统监控指标及监控工具

系统资源	指　　标	解　　释	监控工具
网络	延迟	从发送请求到收到响应的时间，如用户单击登录后，后端经过 1000ms 才接收到请求，然后服务器响应请求，Web 前端经过 2000ms 才接收到请求，延迟即 3000ms	Nload：查看总体带宽。 Nethogs：查看每个进程带宽
	吞吐量	在单位时间内通过网络的数据量，如 1 个用户登录后，首页内容加载文件大小 1MB 折算成网络带宽 8Mbit/s[①]，假设 500 用户登录后进行首页展示，吞吐量则是 8Mbit/s * 500 = 4000Mbit/s	
	带宽	网络通信的最大传输率，如虽然 500 个用户吞吐量是 4000Mbit/s，但假设当前服务器一般网卡是 1000Mbit/s，这里的 1000Mbit/s 代表带宽	
	丢包率	在传输过程中丢失的数据包的比例，如假设在网络传输中，1 个请求会将数据拆解成 100 个数据包，传输 1 个请求若丢失了 5 个数据包，则丢包率是 5%	
	错误率	在传输过程中出现错误的数据包的比例，如 1 个请求的 100 个数据包内，有 3 个包虽然没有丢失，但实际是传输错误的，那么错误率则是 3%	

（续）

系统资源	指　标	解　释	监控工具
内存	总占用率	监控系统总内存的使用情况，包括已用内存、可用内存等	Nload：查看总体带宽。 Nethogs：查看每个进程带宽
	进程占用率	监控每个进程占用的内存量，及其对系统整体内存的影响	
CPU	总占用率	监控系统 CPU 总体的使用情况，包括用户态、系统态和空闲态的 CPU 占用率	
	单进程占用率	监控每个进程占用的 CPU 时间，以及其对系统整体 CPU 的影响	
	单核核心利用率	监控每个 CPU 核心的利用率	
磁盘	总占用率	监控磁盘的总体使用情况，包括已用空间、可用空间和总空间	
	磁盘读写速率	监控磁盘的读取和写入速率	

① 数据最小存储单位是字节（B），网络中传输最小单位是比特位（bit），1B = 8bit。

4. JVM 指标

JVM 指标主要监控 Java 进程，检测程序是否存在 JVM 内存泄漏、线程泄漏等问题。JVM 监控指标及监控工具如表 4-12 所示。

表 4-12　JVM 监控指标及监控工具

指　标	解　释	监控工具
线程	线程的数量、状态和活跃情况，及时发现线程死锁或线程阻塞等问题	JConsole：监控内存、线程、类加载、垃圾回收。 VisualGC：图形化垃圾回收监控工具
堆内存	堆内存的使用率，已分配空间、已使用空间和空闲空间，以及堆内存的大小	
垃圾回归	垃圾回收的次数和时间，包括新生代和老年代的垃圾回收情况，以了解垃圾回收的性能和效率	
类加载	类加载的数量和速度，以及类加载器的情况，及时发现类加载过多或类加载器的性能问题	

5. 中间件指标

若系统架构层面使用中间件等服务，也需要对其监控，检测中间件是否存在瓶颈。以常见中间件 Tomcat 为例，中间件监控指标及监控工具如表 4-13 所示。

表 4-13　中间件监控指标及监控工具

指　标	解　释	监控工具
线程池	监控 Tomcat 中线程池的使用情况，包括活动线程数、最大线程数、空闲线程数等指标	Tomcat Manager：Web 界面管理和监控 Tomcat 服务器。 JConsole：链接到运行中的 Tomcat 进程
请求处理时间	Tomcat 处理请求的平均响应时间、最大响应时间等指标，以及请求处理的延迟情况和异常请求	
链接池	监控 Tomcat 中数据库链接池（如 JDBC 链接池）的使用情况，包括活动链接数、空闲链接数、最大链接数等指标	

6. 数据库指标

数据库不一定指关系型数据库，若当前架构下还用到其他缓存机制，则需要对缓存的数据库进行监控，以 MySQL 和 Redis 为例，数据库监控指标及监控工具如表 4-14 所示。

表 4-14 数据库监控指标及监控工具

数据库	指　标	解　释	监 控 工 具
MySQL	查询量	监控每秒执行的查询数量，可以了解数据库的负载情况	PMM：Percona 公司提供的开源监控工具，可用于监控 MySQL 数据库。 Zabbix：监控和记录 MySQL 的性能指标，并提供警报功能
	并发链接数	监控同时链接到数据库的客户端数量，可以评估数据库的并发性能	
	缓冲池命中率	监控 InnoDB 缓冲池的命中率，可以了解查询是否有效地使用了缓冲池	
	锁等待	监控数据库中的锁等待情况，可以发现潜在的并发问题	
	慢查询	监控执行时间超过阈值的慢查询，可以发现性能问题并进行优化	
	资源占用	监控数据库的内存、CPU、I/O 使用情况	
Redis	链接数	监控 Redis 实例的链接数，包括客户端链接数、最大链接数等	Redis 原生命令：MONITOR 命令可以实时查看客户端执行的命令等。 Zabbix：自定义监控项和模板来监控 Redis 实例的各种指标
	命令执行情况	监控 Redis 实例每秒执行的命令数、命令类型分布情况等	
	缓存命中率	监控 Redis 实例的缓存命中率，即缓存命中次数与请求总次数的比率	

4.3.5 性能瓶颈分析

性能瓶颈分析是对技术要求较高的工作。以下是一个系统性能瓶颈分析的详细过程。

首先，需要明确系统的架构设计，包括业务数据流的走向。具体来说，需了解客户端发起的请求是如何通过特定协议传送至后端服务的。此外，还需考察是否存在接入网关，以及该网关所采用的中间件系统。在后端服务层面，需要详细分析所使用的服务种类、服务间通信协议、服务注册中心的类型、服务日志管理工具以及服务监控系统等。服务层处理完毕后，数据将流向存储层。在此阶段，需确定所使用的数据库类型，以及客户是否采用了高可用性机制来确保系统的稳定运行和数据的持久性，如 4. 3. 3 章节中图 4-2 所示。

其次：清楚上面这些后，需要了解如何对每个环节进行指标监控（详情参考 4.3.4 节），当整体 TPS 无法提升时，可以通过指标监控定位问题瓶颈。

最后，定位到瓶颈后进行优化。优化涉及配置（如将 Linux 文件句柄由 1024 修改为 10240）、硬件更换（如将网卡由千兆换为万兆，或更换读写性能更高的磁盘）、SQL 查询语句优化（如优化 SQL 语句或变更 SQL 索引字段）以及代码层面的逻辑优化或 BUG 修复等。

4.3.6 实战——内存泄漏导致 CPU 资源占用 100%问题的排查

以下是笔者在工作中性能瓶颈分析的案例：内存泄漏导致 CPU 资源占用 100%问题的排查。

1. 现象

在数据同步场景时发现系统 CPU 资源占用 100%。

同步 Java 进程大致逻辑：读取 source 端 MySQL 数据表，然后写入端目标 Oracle 数据表下，任务运行几分钟后，发现同步 Java 进程 269177 把系统全部 CPU 资源占满，并且分配给服务的 2G 内存也全部被占满，如图 4-3 所示。

```
top - 12:11:18 up 9 days, 17:41,  7 users,  load average: 8.95, 9.29, 8.41
Tasks: 206 total,   1 running, 205 sleeping,   0 stopped,   0 zombie
%Cpu(s): 97.0 us,  0.0 sy,  0.0 ni,  3.0 id,  0.0 wa,  0.0 hi,  0.0 si,  0.0 st
%Cpu1: 97.0 us,  0.0 sy,  0.0 ni,  3.0 id,  0.0 wa,  0.0 hi,  0.0 si,  0.0 st
%Cpu2: 100.0 us,  0.0 sy,  0.0 ni,  0.0 id,  0.0 wa,  0.0 hi,  0.0 si,  0.0 st
%Cpu3: 96.4 us,  0.0 sy,  0.0 ni,  3.6 id,  0.0 wa,  0.0 hi,  0.0 si,  0.0 st
%Cpu4: 97.0 us,  0.0 sy,  0.0 ni,  3.0 id,  0.0 wa,  0.0 hi,  0.0 si,  0.0 st
%Cpu5: 97.0 us,  0.0 sy,  0.0 ni,  3.0 id,  0.0 wa,  0.0 hi,  0.0 si,  0.0 st
%Cpu6: 97.0 us,  0.0 sy,  0.0 ni,  3.0 id,  0.0 wa,  0.0 hi,  0.0 si,  0.0 st
%Cpu7: 98.2 us,  0.0 sy,  0.0 ni,  1.8 id,  0.0 wa,  0.0 hi,  0.0 si,  0.0 st
MiB Mem : 15095.4 total,   469.6 free,  14045.7 used,   571.1 buff/cache
MiB Swap:    0.0 total,    0.0 free,    0.0 used.  7306.5 avail Mem

  PID USER      PR  NI    VIRT    RES    SHR S  %CPU %MEM     TIME+ COMMAND
233480 root      20   0 8949096  3.7g  76596 S 173.3 24.8 1912:50 java
269177 root      20   0 7945104  2.4g  26664 S 692.4 16.0 188:24.66 java
239398 root      20   0 7273736  1.9g  17664 S   0.0 12.8 12:43.11 java
23944 root      20   0 6782476  1.2g  15464 S   0.0  8.4 2:04.80 java
19496 999       20   0 4772368  54936   5276 S   0.0  3.6 14:14.52 mysqld
1939 mingdion+  20   0 6723852 228672    216 S   0.0  1.5 3:29.95 java
1504 root      10 -10 1450804  29892  14209 S   0.0  0.2 28:06.55 AliYunDunMonito
433 root       20   0 1255896  23092  27132 S   0.0  0.2 0:11.49 systemd-journal
1521 root      20   0 2057716  28096    928 S   0.0  0.2 1:04.65 dockerd
1385 root      20   0 4525348  18422   7620 S   1.2  0.1 42:27.51 /usr/local/clou
1361 root      20   0 2614080  19184   5436 S   0.0  0.1 0:55.74 tuned
1042 root      20   0 1763254  17836   4656 S   0.0  0.1 0:24.38 snapd
1008 root      20   0 1654780  16624    844 S   0.0  0.1 1:55.51 containerd
1289 root      20   0 1097356  13704   5924 S   0.0  0.1 0:00.05 networkd-upgr
1019 root      20   0  328440  13036   4060 S   0.0  0.0 0:00.06 networkd-dispa
271264 root      20   0  179841  12052   8724 S   0.0  0.0 0:00.08 sshd
271029 root      20   0  174683  11584   8848 S   0.0  0.0 0:00.12 sshd
266809 root      20   0  176084  10112   7428 S   0.6  0.0 0:00.36 sshd
26543 root      20   0  176084  10172   7388 S   0.6  0.0 0:00.31 sshd
265594 root      20   0  173084  10154   7429 S   0.5  0.0 0:00.17 sshd
266485 root      20   0  17628  10080   7336 S   0.0  0.0 0:00.15 sshd
1 root      20   0  167186  10976   5006 S   0.0  0.0 0:10.99 systemd
1 root      20   0  17592  10068   7320 S   0.0  0.0 0:00.07 sshd
1 root      20   0  295592   9712   6692 S   0.0  0.0 1:01.76 packagekitd
1 root      10 -10  95272   9256   5976 S   0.0  0.0 14:24.48 AliYunDun
986 root      20   0  690520   9248   5828 S   0.0  0.0 4:52.86 aliyun-service
271326 root      20   0  119660   9020   4012 S   0.0  0.0 0:00.04 bash
271107 root      20   0  119660   9012   4008 S   0.0  0.0 0:00.10 bash
266008 root      20   0  119660   8844   3840 S   0.0  0.0 0:00.06 bash
```

• 图 4-3　同步 Java 进程 269177 把系统全部 CPU 资源占满

2. 排查经过

1）通过命令 top -Hp 269177 查看进程里面的线程情况。可以看到 8 个线程：269180、

269186、269179、269181、269185、269183、269182、269184 各占了 1 个 CPU 核并且页面 100% 情况。通过 COMMAND 看到是 GC task thread#，这里通过网上查阅资料初步判断是：Java 线程 GC 导致 CPU 资源占用 100%，如图 4-4 所示。

```
top - 12:12:29 up 9 days, 17:42,  7 users,  load average: 8.54, 9.14, 8.42
Threads: 152 total,   8 running, 144 sleeping,   0 stopped,   0 zombie
%Cpu(s): 96.7 us,  0.0 sy,  0.0 ni,  3.3 id,  0.0 wa,  0.0 hi,  0.0 si,  0.0 st
%Cpu1: 98.0 us,  0.0 sy,  0.0 ni,  2.0 id,  0.0 wa,  0.0 hi,  0.0 si,  0.0 st
%Cpu2: 96.7 us,  0.0 sy,  0.0 ni,  3.3 id,  0.0 wa,  0.0 hi,  0.0 si,  0.0 st
%Cpu3: 96.3 us,  0.0 sy,  0.0 ni,  3.7 id,  0.0 wa,  0.0 hi,  0.0 si,  0.0 st
%Cpu4: 96.0 us,  0.3 sy,  0.0 ni,  3.7 id,  0.0 wa,  0.0 hi,  0.0 si,  0.0 st
%Cpu5: 96.3 us,  0.0 sy,  0.0 ni,  3.7 id,  0.0 wa,  0.0 hi,  0.0 si,  0.0 st
%Cpu6: 97.3 us,  0.0 sy,  0.0 ni,  2.7 id,  0.0 wa,  0.0 hi,  0.0 si,  0.0 st
%Cpu7: 96.3 us,  0.0 sy,  0.0 ni,  3.7 id,  0.0 wa,  0.0 hi,  0.0 si,  0.0 st
MiB Mem : 15095.4 total,   465.3 free,  14856.4 used,   573.6 buff/cache
MiB Swap:     0.0 total,     0.0 free,     0.0 used.   728.8 avail Mem

   PID USER      PR  NI    VIRT    RES    SHR S  %CPU %MEM     TIME+ COMMAND
269180 root      20   0 7945104   2.4g  26664 R  90.3  16.9 24:23.56 GC task thread#
269186 root      20   0 7945104   2.4g  26664 R  90.3  16.9 24:23.56 GC task thread#
269197 root      20   0 7945104   2.4g  26664 R  90.0  16.9 24:26.00 GC task thread#
269181 root      20   0 7945104   2.4g  26664 R  89.7  16.9 24:21.18 GC task thread#
269185 root      20   0 7945104   2.4g  26664 R  89.7  16.9 24:22.30 GC task thread#
269183 root      20   0 7945104   2.4g  26664 R  89.3  16.9 24:24.78 GC task thread#
269184 root      20   0 7945104   2.4g  26664 R  87.7  16.9 24:21.96 GC task thread#
269187 root      20   0 7945104   2.4g  26664 S   4.0  16.9  0:53.93 VM Thread
269177 root      20   0 7945104   2.4g  26664 S   0.0  16.9  0:00.00 java
269178 root      20   0 7945104   2.4g  26664 S   0.0  16.9  0:01.48 java
269189 root      20   0 7945104   2.4g  26664 S   0.0  16.9  0:00.01 Reference Handl
269190 root      20   0 7945104   2.4g  26664 S   0.0  16.9  0:00.01 Finalizer
269191 root      20   0 7945104   2.4g  26664 S   0.0  16.9  0:00.00 Signal Dispatch
269192 root      20   0 7945104   2.4g  26664 S   0.0  16.9  0:05.77 C2 CompilerThre
269193 root      20   0 7945104   2.4g  26664 S   0.0  16.9  0:05.89 C2 CompilerThre
269194 root      20   0 7945104   2.4g  26664 S   0.0  16.9  0:06.01 C2 CompilerThre
269195 root      20   0 7945104   2.4g  26664 S   0.0  16.9  0:02.35 C1 CompilerThre
269196 root      20   0 7945104   2.4g  26664 S   0.0  16.9  0:00.00 Service Thread
269198 root      20   0 7945104   2.4g  26664 S   0.0  16.9  0:00.70 VM Periodic Tas
269199 root      20   0 7945104   2.4g  26664 S   0.0  16.9  0:01.20 Log4j2-TF-1-Asy
269200 root      20   0 7945104   2.4g  26664 S   0.0  16.9  0:00.50 hz.main.schedul
269201 root      20   0 7945104   2.4g  26664 S   0.0  16.9  0:00.00 hz.main.event-1
269222 root      20   0 7945104   2.4g  26664 S   0.0  16.9  0:00.00 hz.main.event-2
269223 root      20   0 7945104   2.4g  26664 S   0.0  16.9  0:00.00 hz.main.event-3
269225 root      20   0 7945104   2.4g  26664 S   0.0  16.9  0:00.00 hz.main.event-4
269226 root      20   0 7945104   2.4g  26664 S   0.0  16.9  0:00.03 hz.main.operati
269227 root      20   0 7945104   2.4g  26664 S   0.0  16.9  0:00.08 hz.main.Metrics
```

● 图 4-4 Java 线程 GC 导致 CPU 资源占用 100%

2）通过 jstack 269177 >> aaaa.txt 将进程里面的线程具体执行情况重定向到 aaaa.txt 文本内。

3）通过查看 aaaa.txt 文件，发现只有 8 个线程是 runnable 状态，而且这 8 个线程正在做 GC（GC，Garbage Collection，是指垃圾收集器自动回收不再被引用对象占用的内存过程），再看其他的线程都是 waiting on condition（等待）的状态，由此可断定是程序 GC 导致 CPU 资源占用 100%，如图 4-5 所示。

3. 最终解决

经过和研发人员沟通后，得知这是读取源端数据库的数据后，并向目标端数据库写入时，期间读取源端的数据会放到一个缓存的地方，因为源端读取了 80 万的 MySQL 数据，所以这 80 万的 MySQL 数据直接放在中间缓存的地方，会直接导致缓存崩溃，造成 Java 程序的 GC。研发人员优化后将限制这块缓存的大小，不会直接读取，而是一次取 8096 行缓存数据。这样能避免数据频繁 GC 导致系统缓存崩溃，同步流程示意图如图 4-6 所示。

```
"Finalizer" #3 daemon prio=8 os_prio=0 tid=0x00007f2350091000 nid=0x41b85 in Object.wait()  [0x00007f23487f7000]
   java.lang.Thread.State: WAITING (on object monitor)
     at java.lang.Object.wait(Native Method)
     - waiting on <0x0000000000000150> (a java.lang.ref.ReferenceQueue$Lock)
     at java.lang.ref.ReferenceQueue.remove(ReferenceQueue.java:144)
     - locked <0x0000000000000150> (a java.lang.ref.ReferenceQueue$Lock)
     at java.lang.ref.ReferenceQueue.remove(ReferenceQueue.java:165)
     at java.lang.ref.Finalizer.runFinalizerThread(Finalizer.java:188)

"Reference Handler" #2 daemon prio=10 os_prio=0 tid=0x00007f2350806800 nid=0x41b84 waiting for monitor entry  [0x00007f23488f7000]
   java.lang.Thread.State: BLOCKED (on object monitor)
     at java.lang.ref.Reference.tryHandlePending(Reference.java:178)
     - waiting to lock <0x0000000000000150> (a java.lang.ref.Reference$Lock)
     at java.lang.ref.Reference$ReferenceHandler.run(Reference.java:153)

"VM Thread" os_prio=0 tid=0x00007f2350083800 nid=0x41b83 runnable
   java.lang.Thread.State: RUNNABLE

"GC task thread0 (ParallelGC)" os_prio=0 tid=0x00007f2350021800 nid=0x41b7c runnable
   java.lang.Thread.State: RUNNABLE

"GC task thread1 (ParallelGC)" os_prio=0 tid=0x00007f2350023800 nid=0x41b7b runnable
   java.lang.Thread.State: RUNNABLE

"GC task thread2 (ParallelGC)" os_prio=0 tid=0x00007f2350025800 nid=0x41b7a runnable
   java.lang.Thread.State: RUNNABLE

"GC task thread3 (ParallelGC)" os_prio=0 tid=0x00007f2350027800 nid=0x41b79 runnable
   java.lang.Thread.State: RUNNABLE

"GC task thread4 (ParallelGC)" os_prio=0 tid=0x00007f2350029000 nid=0x41b78 runnable
   java.lang.Thread.State: RUNNABLE

"GC task thread5 (ParallelGC)" os_prio=0 tid=0x00007f235002a800 nid=0x41b77 runnable
   java.lang.Thread.State: RUNNABLE

"GC task thread6 (ParallelGC)" os_prio=0 tid=0x00007f235002c800 nid=0x41b76 runnable
   java.lang.Thread.State: RUNNABLE

"GC task thread7 (ParallelGC)" os_prio=0 tid=0x00007f235002e800 nid=0x41b75 runnable
   java.lang.Thread.State: RUNNABLE

"VM Periodic Task Thread" os_prio=0 tid=0x00007f235002e0800 nid=0x41b74 waiting on condition
```

● 图 4-5　jstack 内容都是 runnable 状态

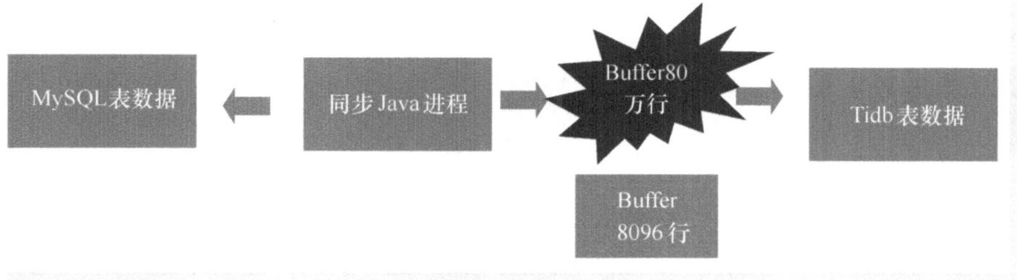

● 图 4-6　同步流程示意图

4.4 自动化测试三剑客——测试流程/编程语言/工具框架

4.4.1 自动化类型介绍

1. 接口测试

(1) 接口测试的定义

接口测试是针对软件系统接口进行验证的过程。它主要侧重于评估接口的功能、性能和安全性等，目的是保障接口的稳定运行以及其行为符合预定的标准。

（2）接口测试工具

常见的接口测试工具如表 4-15 所示。

表 4-15 常见的接口测试工具

工具名称	描述
Postman	功能强大的接口测试工具，支持创建、发送、调试和共享 HTTP 请求
SoapUI	用于测试 SOAP 和 REST 接口的测试工具，支持自动化测试、数据驱动测试等
JMeter	主要用于性能测试，但也可以用于接口测试，支持多种协议和格式
Insomnia	类似于 Postman 的接口测试工具，支持创建和发送 HTTP 请求，并提供直观的界面和强大的功能
Swagger	用于 API 开发和测试的工具，可以根据 API 文档生成测试用例，并进行自动化测试
RestAssured	基于 Java 的库，用于编写简洁的、可读性强的接口测试代码，支持 REST 接口的自动化测试
Karate	用于编写 BDD 风格的接口测试代码的工具，支持 RESTful 和 SOAP 接口的测试

2. UI 测试

（1）UI 测试定义

UI 测试（User Interface Testing）是一种软件测试方法，用于验证用户界面（UI）是否按照设计规范和用户期望的方式进行操作和交互。UI 测试通常涉及对应用程序的各个界面元素进行测试，包括按钮、文本框、下拉菜单、表单、链接等，以确保它们在不同的操作和环境下都能正常工作。

（2）UI 测试工具

UI 测试工具如表 4-16 所示。

表 4-16 UI 测试工具

工具	描述
Selenium	用于 Web 应用程序的自动化 UI 测试工具，支持多种编程语言和浏览器
Appium	用于移动应用程序的自动化 UI 测试工具，支持 iOS 和 Android 平台
TestComplete	用于 Web、桌面和移动应用程序的自动化 UI 测试工具，功能强大易用
Robot Framew	通用的自动化测试框架，支持 Web、桌面、移动应用程序的测试
Protractor	专门用于 AngularJS 应用程序的端到端的 UI 测试工具
Cypress	用于 Web 应用程序的自动化 UI 测试工具，支持快速、可靠的测试
TestCafe	无需编写额外代码即可进行 Web 应用程序的自动化 UI 测试工具
Ranorex	功能强大的 UI 测试工具，支持多种技术和平台
Espresso	用于 Android 应用程序的自动化 UI 测试工具，支持 Android 平台
XCTest	用于 iOS 应用程序的自动化 UI 测试工具，支持 iOS 平台

3. 单元测试

（1）单元测试定义

单元测试是针对最小的功能单元编写测试代码，例如：在 Java 程序中最小功能单元是方法，单元测试就是对单个 Java 方法的测试。

（2）单元测试工具

常见的单元测试工具包括，详情如表 4-17 所示。

表 4-17 单元测试工具

工 具 名	描 述
JUnit	Java 编程语言的一个单元测试框架，是 Unit 软件测试框架的一个实现，并且是 TIDD（测试驱动开发）的一个核心组件
TestNG	Java 测试框架，旨在提供更多的功能和更简单的使用方式，支持参数化测试、测试组、依赖注入等
Mockito	一个开源的 Java 框架，用于模拟测试中的对象，支持创建模拟对象、设置对象行为等
PowerMock	一个 Java 测试框架，扩展了其他测试框架（如 JUnitTestNG），用于处理静态方法、final 类、构造函数等的测试
Spock	基于 Groovy 语言的测试框架，结合了 JUnit、Mockito 和 Behave 等的功能，提供了更简洁和强大的测试语法
Mockito Kotlin	Mockito 库的 Kotlin 扩展，提供了在 Kotlin 中使用 Mockito 的功能，并提供了 Kotlin 特定的语法和功能
AssertJ	Java 的断言库，提供了更多的断言方法，使测试代码更加清晰和易读
JMockit	Java 的测试框架，支持 rmocking 对象、设置对象行为、模拟对象等，与 JUnit 和 TestNG 等测试框架兼容
EasyMock	Java 的模拟测试框架，用于模拟对象、设置对象行为等，使得单元测试更加简单和高效
TestContainers	一个用于 Java 单元测试的库，用于管理和启动 Docker 容器，使得集成测试更加简单和可靠

通过了解和使用这些自动化测试工具和方法，可以大大提升测试的效率和覆盖率，确保软件产品的质量和可靠性。

4.4.2 自动化测试流程

自动化测试流程大致分为六步：工具选择、环境准备、模拟请求、数据校验、日志调试、报告生成。环境搭建与模拟请求需要解决如何发送数据，数据校验与日志调试需要解决如何验证有效性，自动化测试流程如图 4-7 所示。

例如：要模拟用户登录请求，因为业务特点是 HTTP 协议 Web 的请求，所以选取支持该协议的 Pytest 测试框架，本地搭建 Python+Pytest 环境。通过模拟登录请求并进行断言看用户是否登录成功（数据库有登录记录、请求返回内容断言），最后输出自动化测试报告，如图 4-8 所示。

（1）工具选择

根据自动化测试对象及其支持的协议来确定合适的测试框架或工具。在本例中，选择了支持 HTTP 协议的测试框架 Pytest。

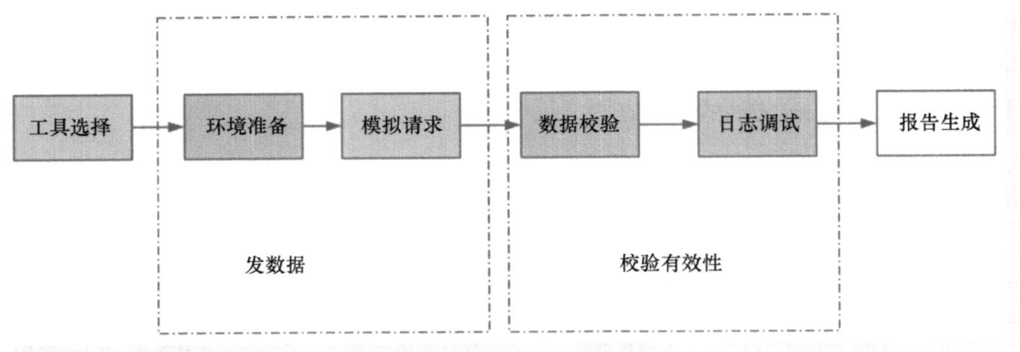

● 图 4-7　自动化测试流程

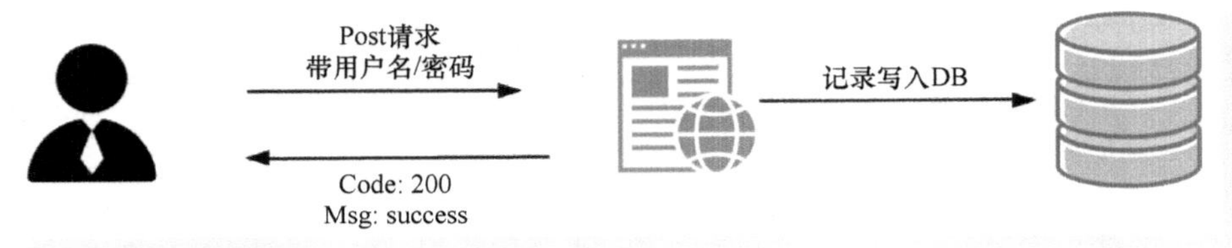

● 图 4-8　模拟请求过程

（2）环境准备

在 Mac 或 Windows 系统下安装 Python 以及 IDE 集成开发环境 Pycharm，并且配置好 Python 环境变量。

（3）模拟请求

在 Pycharm 工具中引入 Pytest 测试框架库，并引入支持 HTTP 协议的 Requests 库，发送用户登录的 POST 或 GET 请求。

（4）数据校验

对返回的响应结果进行断言，包括检查状态码是否为 200 以及响应内容中是否包含 Success。使用 Python 的 mysql.connector 库链接到 MySQL 数据库，验证是否存在用户成功登录的记录，并检查返回内容与接口是否一致。

（5）日志调试

使用 Python 日志记录库 Logbook 来记录测试输出、错误、信息等日志。

（6）报告生成

结合 Pytest 和 Allure 生成详细的测试报告，提供可视化的测试结果和执行历史。

4.4.3　工具选择

选择自动化测试框架或工具需根据测试对象所支持的协议进行。例如：需要进行用户接口

请求操作，可以使用支持 Python 语言的 Pytest 测试框架，也可以使用专门用于 API 请求的 Postman 工具，如表 4-18 所示。

表 4-18　自动化测试框架/工具

协　议	自动化测试特点	使 用 场 景	自动化测试框架/工具
Database	数据库测试，通过 SQL 语句操作数据库，验证 CRUD 操作和事务处理	数据库应用测试、数据一致性测试	DbUnit、Flyway、JUnit、Selenium、TestNG
FTP/SFTP	文件上传和下载测试，通过 FTP 或 SFTP 协议进行文件传输测试	文件传输应用测试	Apache Commons Net、JSch、JUnit、TestNG
GraphQL	使用 GraphQL 查询语言，通过单一端点获取所需的数据	API 测试、特定于 GraphQL 的应用测试	JUnit、Postman、GraphQL Playground、TestNG
HTTP/HTTPS	模拟用户在 Web 页面操作，发送 HTTP 请求，验证响应状态码和内容	Web 应用程序测试、API 测试	JUnit、Postman、Pytest、Selenium、TestNG
Mobile Protocols	移动应用测试，涵盖 HTTP/HTTPS、TCP/IP 等移动应用常用的协议	移动应用测试、API 测试	Appium、Espresso、Postman、XCUITest
MQTT/AMQP	消息中间件协议测试，通过 MQTT、AMQP 协议测试消息发布和订阅	消息队列应用测试、实时消息通信应用测试	JMeter、JUnit、Paho MQTT、RabbitMQ、TestNG
RESTful API	基于资源的设计，使用标准的 HTTP 方法，通过 URL 操作资源	Web 服务测试、API 集成测试	JUnit、Postman、RestAssured、TestNG
SMTP/POP/IMAP	电子邮件传输协议测试，通过 SMTP、POP、IMAP 协议进行电子邮件测试	邮件应用测试、电子邮件传输测试	JUnit、JavaMail、Selenium、TestNG
SOAP	使用 XML 描述消息，通过 HTTP 或其他协议传输	Web 服务测试、企业级集成测试	Apache CXF、JUnit、SOAPUI、TestNG
TCP/IP	通过 TCP/IP 协议进行测试，涵盖网络通信的各个方面	网络应用测试、数据库测试、消息队列测试	JMeter、JUnit、Selenium、TesNG、Wireshark
WebSocket	通过 WebSocket 协议进行实时双向通信测试	实时通信应用测试、聊天应用测试	Autobahn、JUnit、TestNG、WebSocket.io

有些同学可能会问：是使用现有的测试框架，还是自己编写代码，或是使用测试工具？这取决于团队的需求。以用户登录请求为例，分别可以使用 Postman 工具、Python 语言以及 Pytest 测试框架进行说明，如表 4-19 所示。

表 4-19　自动化工具使用场景

工具/框架	使 用 场 景	优　势
Postman	手动测试、快速验证、调试	直观，不需要编写代码，适用于初期接口验证和调试
Python（requests 库）	自动化测试、集成到 CI/CD 流程、批量测试	编写复杂逻辑，适用于测试工程师和开发人员，支持大规模测试
Pytest	大规模测试套件、模块化和可维护的测试用例、详细测试报告	断言方法丰富、插件支持丰富、支持参数化测试

总结，选择使用哪种工具或框架取决于具体的测试需求和团队的技术栈。

4.4.4 自动化所需技能

根据 4.4.2 节自动化测试流程可以看出，自动化核心就是如何发送数据以及如何验证有效性。

1）发送数据需通过了解是什么协议的数据，再配合编程语言、测试框架去跑自动化脚本。

2）验证有效性需将返回的结果进行关键词提取来断言这次请求是否有效。

3）若多人同时进行编码，还需要引入 Git 来管理代码。

4）自动化测试代码在本地调通后，后续需要定期、定时运行代码，还需要引入 CI 平台进行构建。

所以需要掌握以下 6 个关键技能。

（1）掌握一门编程语言

以 Python 为例，需要掌握 Python 编程语言，包含环境部署、函数和模块、基础知识、面向对象编程、文件操作、异常处理等。Python 技能树如图 4-9 所示。

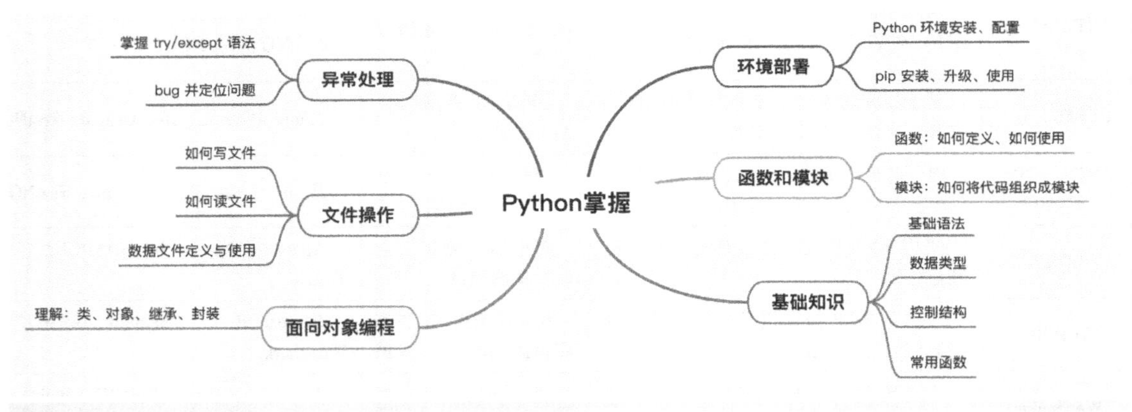

● 图 4-9　Python 技能树

（2）掌握测试框架的使用（UI / 接口）

Pytest 接口测试框架：初级阶段学习安装、概念和简单示例；中级阶段学习指定执行和参数化测试；高级阶段学习调试/运行参数、自定义插件、报告生成/代码覆盖率统计。自动化接口测试技能树如图 4-10 所示。

Selenium UI 测试框架：初级阶段学习安装与配置、基础知识、元素定位和等待机制；中级阶段学习窗口和框架处理、数据驱动和参数化；高级阶段学习 Selenium Grid、浏览器操作和管理、执行 JavaScript。UI 自动化测试技能树如图 4-11 所示。

（3）掌握相关协议

掌握如何模拟相关协议数据。例如：网络 HTTP 协议的 POST、GET、DELETE、UPDATE 方法，状态码，请求与响应体，缓存，安全，HTTP 工具与库等相关知识。网络知识（HTTP 协议）技能树如图 4-12 所示。

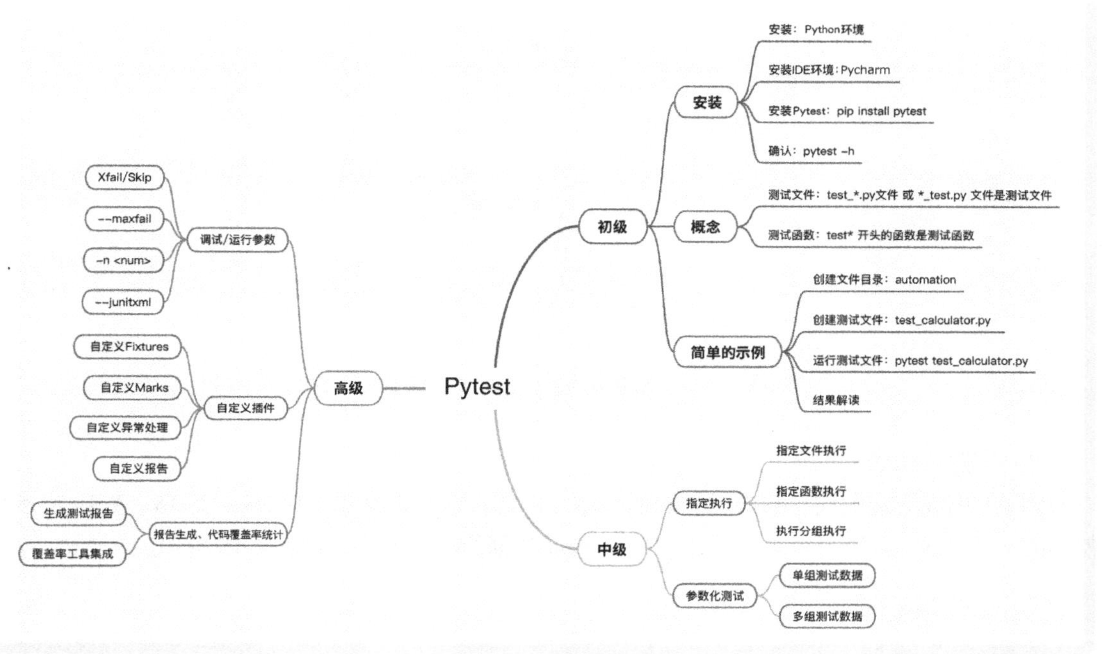

● 图 4-10　自动化接口测试技能树

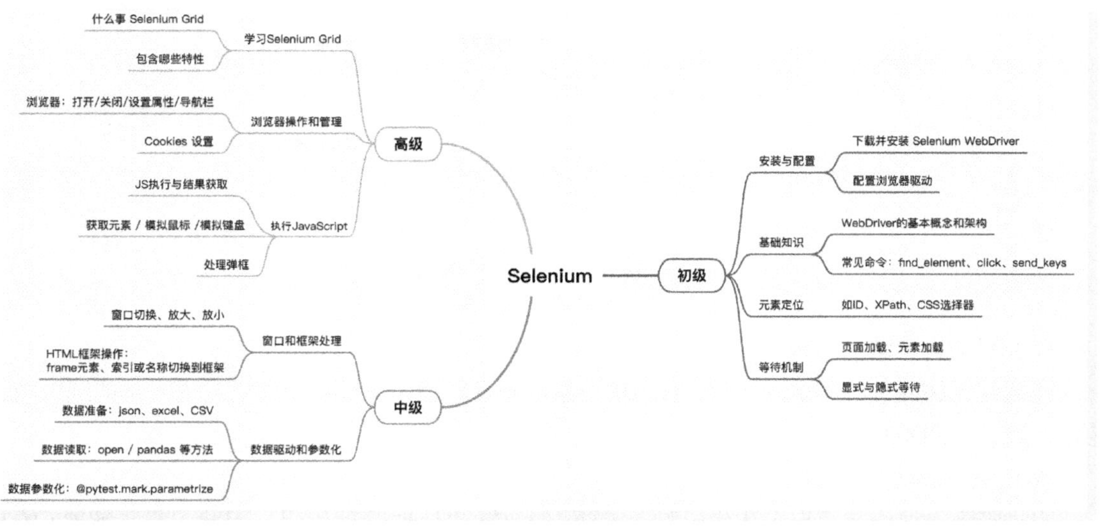

● 图 4-11　UI 自动化测试技能树

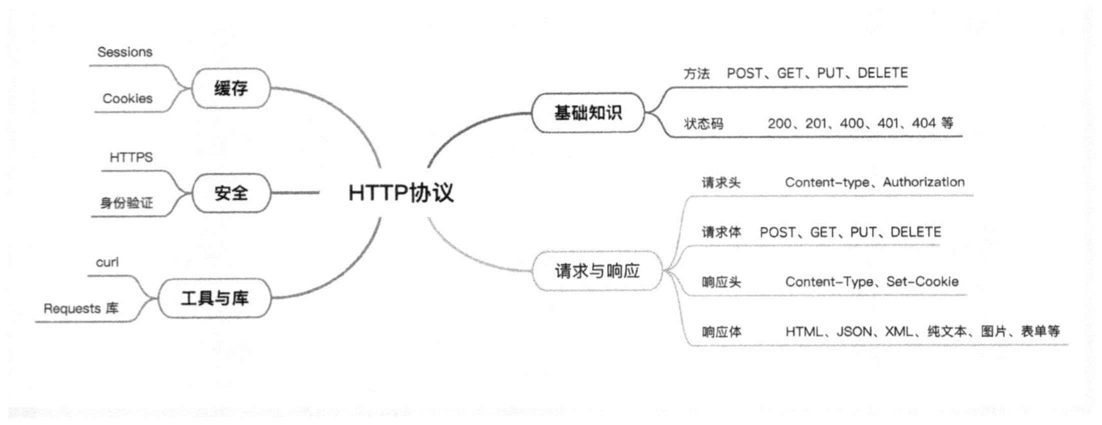

● 图 4-12 网络知识（HTTP 协议）技能树

（4）掌握数据提取规则

掌握数据提取规则便于解析对应的返回体。例如：返回是文本、HTML、JSON、XML 或多种格式混合的数据。以下是针对不同格式的 Python 数据的提取方法，如图 4-13 所示。

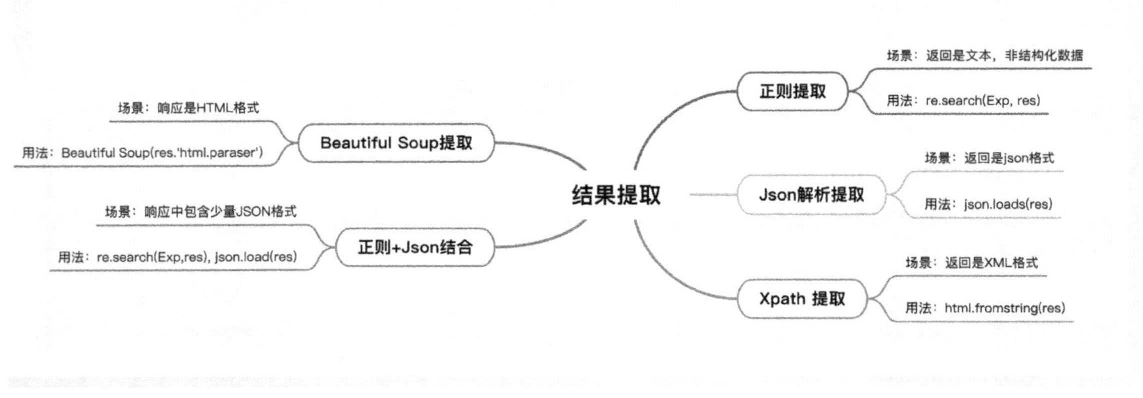

● 图 4-13 数据提取技能树

（5）自动化调试

在遇到无法通过的测试用例时，在 IDE（集成开发环境）下面单步调试或进入功能函数内以定位问题，如图 4-14 所示。

（6）Git 版本控制系统

当进行多人协作编写自动化代码时，需要引入 Git 来协作管理代码。因此，需了解 Git 的基本概念、基本命令、高级概念及操作、Git 工作流程等。详情请参考，如图 4-15 所示。

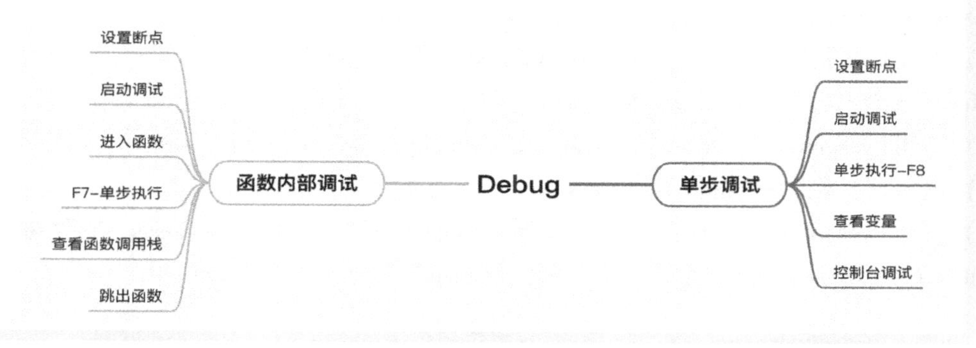

● 图 4-14　自动化调试技能树

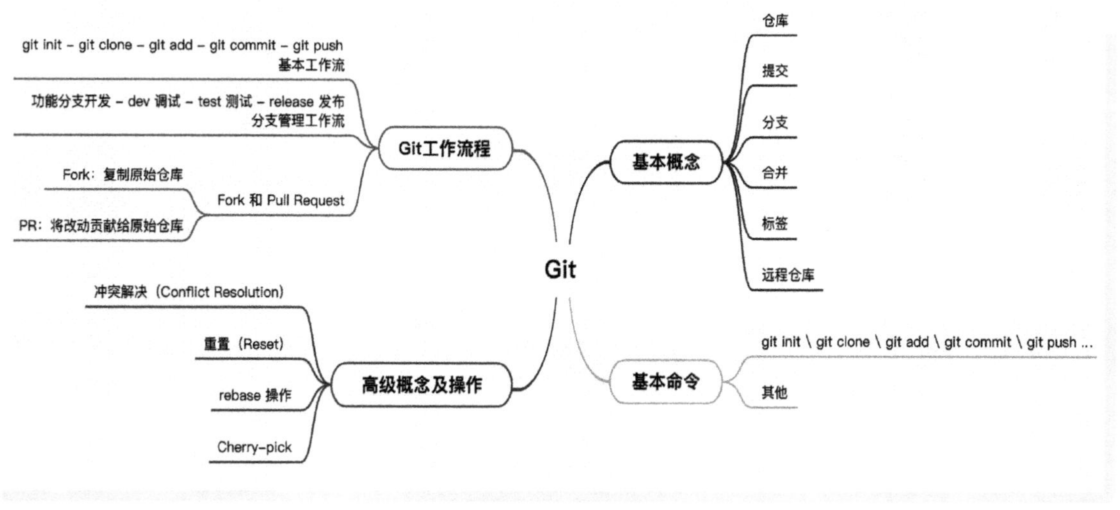

● 图 4-15　Git 技能树

4.4.5　快速掌握 Python

本节以在 Mac 上安装 Python 3.11.8 为例，介绍如何快速掌握 Python，本节会结合一些 Python 代码进行讲解，无论读者是否有编写代码的经历，只要跟着示例一起学习，就能快速掌握 Python 编程，以应对日常测试中的工作需要。

1. 环境部署

Mac 安装 Python 步骤如下。

1）访问 https://www.python.org/downloads/release/python-3118/。

2）选择 macOS 64-bit universal2 installer。

3）双击安装，直到出现安装成功的提示。

4）安装完成后，打开终端，输入 python3，显示版本 3.11.8。

Mac 下安装 IDE 工具 Pycharm 步骤如下。

1）访问 Pycharm 官网 https://www.jetbrains.com/Pycharm/download/? section=mac。

2）选择对应操作系统进行下载：macOS。

3）打开 Pycharm 后，选择：Projects -> New Project -> Pure Python -> Create，同时勾选“Create a main.py welcome script”选项，最后单击“Create”按钮，如图 4-16 所示。

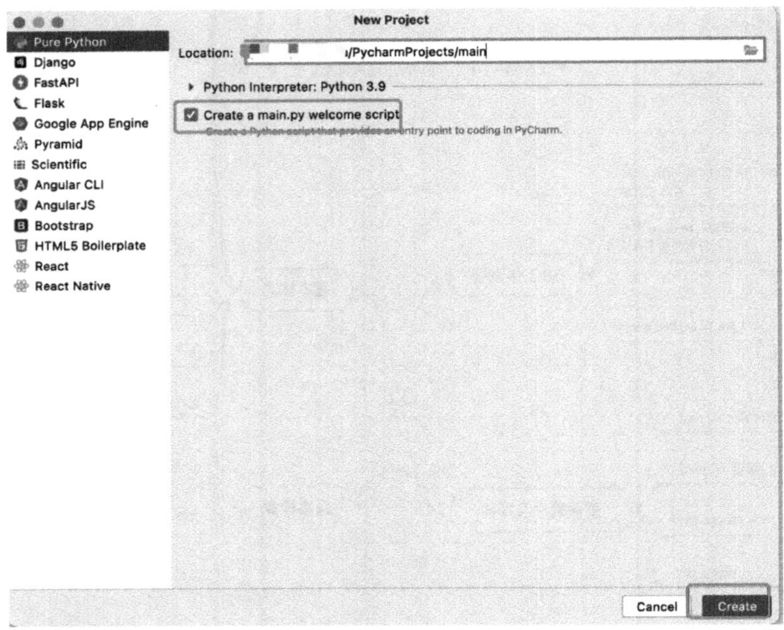

● 图 4-16　创建 Python 脚本

4）进入项目后，选择程序 main.py 文件，单击侧边运行按钮，在底部 Run 控制台会出现“Hi, PyCharm”的输出，如图 4-17 所示。

2. 基础知识

Python 编码特性如下。

1）通过 # 符号进行注释。

2）通过缩进表示代码块。

3）通过 \ 表示多行语句。

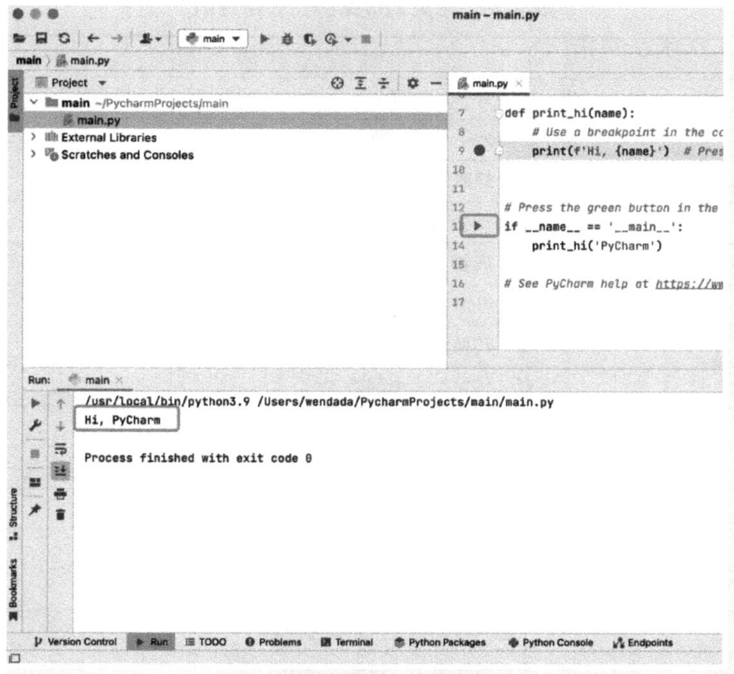

● 图 4-17 输出脚本

示例代码：

```
#! /usr/bin/python3

# 第一个注释
print ("Hello, Python! ") # 第二个注释

if True:
    print ("Answer")
    print ("True")
else:
    print ("Answer")
print ("False")     # 缩进不一致,会导致运行错误

total = item_one + \
        item_two + \
        item_three
```

Python 数据类型包含 number、string、bool、list、tuple、Set、Dictionary 等类型，常见的数据类型转换函数如表 4-20 所示。

表 4-20　常见的数据类型转换函数

函　　数	描　　述
int(x [,base])	将 x 转换为一个整数
float(x)	将 x 转换为一个浮点数
complex(real [,imag])	创建一个复数
str(x)	将对象 x 转换为字符串
repr(x)	将对象 x 转换为表达式字符串
eval(str)	计算在字符串中的有效 Python 表达式，并返回一个对象
tuple(s)	将序列 s 转换为一个元组
list(s)	将序列 s 转换为一个列表
set(s)	将序列转换为可变集合
dict(d)	将序列创建一个字典。d 必须是一个（key，value）元组序列
frozenset(s)	将序列转换为不可变集合
chr(x)	将一个整数转换为一个字符
ord(x)	将一个字符转换为它对应的整数值
hex(x)	将一个整数转换为十六进制字符串
oct(x)	将一个整数转换为八进制字符串

Python 的条件控制是通过 if 语句来实现的。if 语句用于根据条件的真假执行不同的代码块。以下是 if 语句的基本语法结构：

```
if 条件:
    # 条件为真时执行的代码块
else:
    # 条件为假时执行的代码块
```

在这个结构中，条件是一个表达式，当它的值为 True 时，执行 if 语句下的代码块，否则执行 else 语句下的代码块。

示例代码：

```
num = int(input("请输入一个数字: "))

if num > 0:
    print("这是一个正数")
elif num < 0:
    print("这是一个负数")
else:
    print("这是零")
```

在嵌套 if 语句中，可以把 if…elif…else 结构放在另外一个 if…elif…else 结构中。

```
if 表达式 1:
    语句
    if 表达式 2:
        语句
    elif 表达式 3:
        语句
    else:
        语句
elif 表达式 4:
    语句
else:
    语句
```

示例代码：

```
#!/usr/bin/python3

num=int(input("输入一个数字:"))
if num%2==0:
    if num%3==0:
        print ("输入的数字可以整除 2 和 3")
    else:
        print ("输入的数字可以整除 2,但不能整除 3")
else:
    if num%3==0:
        print ("输入的数字可以整除 3,但不能整除 2")
    else:
        print  ("输入的数字不能整除 2 和 3")
```

Python 循环语句包括：while…else、for…else、range()，同时可以在期间插入 pass、break、continue 的语句。

while…else 语句形式：

```
while <expr>:
    <statement(s)>
else:
    <additional_statement(s)>
```

示例代码：

```
#!/usr/bin/python3

count = 0
while count < 5:
    print (count, " 小于 5")
    count = count + 1
```

```
else:
    print (count, " 大于或等于 5")
```

输出：

```
0  小于 5
1  小于 5
2  小于 5
3  小于 5
4  小于 5
5  大于或等于 5
```

for...else 结合 range()语句的示例代码：

```
for x in range(6):
  print(x)
else:
  print("Finally finished!")
```

输出：

```
0
1
2
3
4
5
Finally finished!
```

结合 pass、break、continue 语句的示例代码：

```
# 示例:判断输入数字的奇偶性,并执行不同的操作

while True:
    num = int(input("请输入一个整数(输入 0 结束循环): "))

    if num == 0:
        print("循环结束。")
        break  # 结束循环

    if num % 2 == 0:
        print("这是一个偶数。")
        continue  # 跳过本次循环,继续下一次循环
    else:
        print("这是一个奇数。")
        pass  # 什么都不做,保持结构完整
print("game is over")
```

分别输入 3、6、9、0 的结果：

```
请输入一个整数(输入 0 结束循环)：3
这是一个奇数。
请输入一个整数(输入 0 结束循环)：6
这是一个偶数。
请输入一个整数(输入 0 结束循环)：9
这是一个奇数。
请输入一个整数(输入 0 结束循环)：0
循环结束。
game is over
```

循环体总结如表 4-21 所示。

表 4-21　循环体总结

关键字	用途
if	用于条件控制，根据条件的真假执行不同的代码块
while	用于创建循环，当条件为真时重复执行一段代码块
continue	在循环中，用于跳过当前迭代的剩余代码，直接进入下一次迭代
break	在循环中，用于完全退出循环，提前结束循环
pass	仅占位符语句，保持代码结构完整，不执行任何实际操作

Python 常用函数如表 4-22 所示。

表 4-22　Python 常见函数

函数	用途
print()	用于打印输出到控制台
len()	返回对象的长度或元素个数
type()	返回对象的类型
input()	接受用户的输入
int()、float()、str()	分别用于将其他类型转换为整数、浮点数或字符串
range()	生成一个范围内的整数序列
list()、tuple()、set()、dict()	分别用于创建列表、元组、集合和字典
sorted()、reversed()	分别用于对可迭代对象进行排序和反转
sum()、min()、max()	分别用于求和、找出最小值和最大值
abs()、round()	分别用于取绝对值和四舍五入
map()、filter()、reduce()	分别用于处理可迭代对象的映射、过滤和累积
enumerate()	同时获取索引和值的迭代器
zip()	将多个可迭代对象打包成元组的迭代器
open()、read()、write()、close()	用于文件操作，分别为打开、读、写、关闭
format()	用于字符串格式化
abs()、all()、any()、chr()、ord()	分别用于取绝对值、判断所有元素为真、判断任意元素为真、返回 Unicode 字符

示例代码：

```
# 场景:计算一组数字的平均值,并找出其中的偶数

# 输入一组数字
numbers_str = input("请输入一组数字,用空格分隔: ")
numbers_list = [int(num) for num in numbers_str.split()]

# 计算平均值
average = sum(numbers_list) / len(numbers_list)
print(f"平均值为: {average}")

# 找出偶数
even_numbers = list(filter(lambda x: x % 2 == 0, numbers_list))
print(f"偶数列表: {even_numbers}")

# 对数字列表进行排序
sorted_numbers = sorted(numbers_list)
print(f"升序排序: {sorted_numbers}")

# 判断所有元素是否为真
all_positive = all(num > 0 for num in numbers_list)
print(f"所有元素是否为正数: {all_positive}")

# 使用 enumerate 获取索引和值
for index, value in enumerate(numbers_list):
    print(f"索引 {index} 的值为: {value}")

# 使用 zip 将两个列表打包成元组
letters = ['a', 'b', 'c']
numbers = [1, 2, 3]
zipped_list = list(zip(letters, numbers))
print(f"打包后的元组列表: {zipped_list}")

# 使用 format 进行字符串格式化
name = "John"
age = 25
formatted_string = "My name is {} and I am {} years old.".format(name, age)
print(formatted_string)
```

输出：

```
请输入一组数字,用空格分隔: 2 3 6 8 10 24 8
平均值为: 8.714285714285714
偶数列表: [2, 6, 8, 10, 24, 8]
升序排序: [2, 3, 6, 8, 8, 10, 24]
```

```
所有元素是否为正数：True
索引 0 的值为：2
索引 1 的值为：3
索引 2 的值为：6
索引 3 的值为：8
索引 4 的值为：10
索引 5 的值为：24
索引 6 的值为：8
打包后的元组列表：[('a', 1), ('b', 2), ('c', 3)]
My name is John and I am 25 years old.
```

3. 函数与模块

（1）函数定义

在 Python 中，可以使用关键字 def 来定义一个函数。函数定义的基本语法如下。

```
def 函数名(参数 1, 参数 2, ......):
# 函数体,包含一系列语句
# 执行具体操作
return 返回值
```

示例代码：

```
def add_numbers(x, y):
result = x + y
return result
```

在这个例子中，add_numbers 是函数名，括号内的 x 和 y 是参数。函数体内的代码用于执行具体的操作，这里是将两个参数相加，并将结果通过 return 语句返回。

可以调用这个函数，并传入实际的参数值，代码如下。

```
result = add_numbers(3, 5)
print(result)
```

这将输出 8，因为函数 add_numbers 返回了参数 3 和 5 的和。函数定义时给参数指定默认值，代码如下。

```
def greet(name, greeting="Hello"):
    print(f"{greeting}, {name}!")

# 调用函数,传入一个参数
greet("Alice")  # 输出: Hello, Alice!

# 调用函数,传入两个参数
greet("Bob", "Good morning")  # 输出: Good morning, Bob!
```

输出：

```
Hello, Alice!
Good morning, Bob!
```

（2）模块定义

在 Python 中，模块是一个包含 Python 代码的文件，可以包括变量、函数和类等。模块的主要目的是组织代码并使其可重用。

示例代码：

```python
# 模块名：mymodule.py

# 变量定义
my_variable = 42

# 函数定义
def my_function():
    print("Hello from my_function!")

# 类定义
class MyClass:
    def __init__(self, name):
        self.name = name

    def greet(self):
        print(f"Hello, {self.name}!")

# 模块级别的代码(在导入模块时会执行)
print("This is a module-level statement.")

# 如果希望在模块被导入时不执行一些代码,可以使用条件判断语句
if __name__ == "__main__":
    print("This code is only executed when the module is run as the main program.")
```

输出：

```
This is a module-level statement.
This code is only executed when the module is run as the main program.
```

在这个例子中，mymodule.py 是一个模块文件。它包括了变量 my_variable、函数 my_function 和类 MyClass 的定义。模块中还可以包含模块级别的代码，当模块被导入时会执行。为了防止在导入模块时执行一些特定的代码，可以使用条件判断语句“if __name__ == "__main__"”。

4. 异常处理

在 Python 中，try 和 except 是用于处理异常的关键字，它们一起构成了异常处理的语法结构。try 块包含可能引发异常的代码，而 except 块包含处理异常的代码，finally 块是无论发生什么都会执行的代码。以下是 try…except…finally 的基本语法。

```
try:
    # 可能引发异常的代码块
    # ......
except ExceptionType as e:
    # 处理异常的代码块
    # e 是异常对象,包含有关异常的信息
    # ......
finally:
    # 无论是否发生异常,都会执行的代码块
```

在这个结构中，try 块内的代码被监视，如果在执行过程中引发了异常，程序会立即跳转到 except 块，而不会导致程序终止。

示例代码：

```
try:
    numerator = int(input("请输入一个数字作为分子: "))
    denominator = int(input("请输入一个数字作为分母: "))

    result = numerator / denominator

    print(f"结果: {result}")

except ZeroDivisionError as e:
    print(f"除零异常: {e}")

except ValueError as e:
    print(f"值错误: {e}")

except Exception as e:
    print(f"其他异常: {e}")

finally:
    print("无论是否发生异常,都会执行的代码块")
```

结果 1：

```
请输入一个数字作为分子: 10
请输入一个数字作为分母: 2
结果: 5.0
无论是否发生异常,都会执行的代码块
```

结果 2：

```
请输入一个数字作为分子: 8
请输入一个数字作为分母: 0
除零异常: division by zero
无论是否发生异常,都会执行的代码块
```

结果 3：

```
请输入一个数字作为分子：5
请输入一个数字作为分母：abc
值错误：invalid literal for int() with base 10：'abc'
无论是否发生异常,都会执行的代码块
```

在这个例子中，用户被要求输入两个数字，程序尝试计算它们的商。如果用户输入的是非数字，会出现 ValueError 异常；如果分母为零，会出现 ZeroDivisionError 异常。无论是否发生异常，finally 块中的代码都会执行。

5. 文件操作

(1) 文件的读取与写入

在 Python 中，可以使用内置的 open()函数来进行文件的读取和写入，参数为 r 表示读取模式，为 w 表示写入模式。

示例代码：

```
# 文件读取与写入示例
try:
    # 打开文件并读取内容
    with open('input.txt', 'r') as input_file:
        content = input_file.read()
        print("读取文件内容:")
        print(content)

    # 打开文件并写入内容
    with open('output.txt', 'w') as output_file:
        output_file.write("Hello, this is a sample text.\n")
        output_file.write("This is another line of text.\n")
        print("文件写入完成")

except FileNotFoundError:
    print("文件未找到,请检查文件路径是否正确。")

except Exception as e:
    print(f"发生异常:{e}")
```

首先尝试读取名为 input.txt 的文件内容并打印出来。然后，尝试写入两行文本到名为 output.txt 的文件中。如果文件不存在，会出现 FileNotFoundError 异常，并输出错误消息。如果发生其他异常，会出现并输出相应的错误消息。

(2) 数据文件的定义与使用

在 Pytest 中，可以将测试数据定义到 JSON 格式文件中，名为 test_data.json 文件。

示例代码：

```
{
    "test_cases": [
        {"input": "data1", "expected_output": "result1"},
        {"input": "data2", "expected_output": "result2"},
        {"input": "data3", "expected_output": "result3"}
    ]
}
```

然后，使用 Pytest.mark.parametrize 将测试参数化，读取这个 JSON 文件的数据，并在测试函数中使用这些数据进行测试。

示例代码：

```
import json
import Pytest

def read_json_file(file_path):
    with open(file_path, 'r') as file:
        data = json.load(file)
    return data['test_cases']

# 使用 Pytest.mark.parametrize 参数化测试函数
@Pytest.mark.parametrize("test_case",read_json_file("test_data.json"))
def test_example(test_case):
    input_data = test_case["input"]
    expected_output = test_case["expected_output"]

    # 在这里执行实际的测试操作
    result = perform_test_operation(input_data)

    # 断言测试结果
    assert result == expected_output
```

6. 面向对象编程

（1）基础概念

Python 中面向对象编程（OOP）主要涉及这几个核心概念：类（Class）、对象（Object）、继承（Inheritance）、封装（Encapsulation）、多态（Polymorphism）。接下来是这些概念的简要解释和相应的代码示例。

（2）类和对象

类是一个抽象的模板，用于定义对象的属性和方法。它是一种数据类型，可以包含数据和代码。

对象是类的实例，具有特定的属性和行为。每个对象都属于某个类，可以使用类中定义的方法来操作。

示例代码：

```
# 定义一个简单的类和创建对象
class Dog:
    def __init__(self, name, age):
        self.name = name
        self.age = age

    def bark(self):
        print(f"{self.name} says Woof!")

# 创建两个 Dog 类的对象
dog1 = Dog("Buddy", 3)
dog2 = Dog("Charlie", 5)

# 调用对象的方法
dog1.bark()  # 输出: Buddy says Woof!
dog2.bark()  # 输出: Charlie says Woof!
```

在以上代码中，定义了 Dog 这样的模板类，类包含一些属性：名字以及年龄，包含一个行为：bark（咆哮）。

接着通过 Dog 类创建了 2 个具体的对象：dog1 = Dog("Buddy", 3)、dog2 = Dog("Charlie", 5)。dog1 是叫 Buddy 的年龄 3 岁的小狗，dog2 是叫 Charlie 的年龄 5 岁的小狗。

最后调用对象行为（又叫方法）：dog1.bark()、dog2.bark()，打印出“Buddy says Woof!”“Charlie says Woof!”。

（3）继承

继承允许一个类（子类）继承另一个类（父类）的属性和方法。子类可以扩展或修改父类的行为。

示例代码：

```
# 使用继承创建子类
class Cat(Dog):
    def purr(self):
        print(f"{self.name} says Purr!")

# 创建一个 Cat 类的对象
cat = Cat("Whiskers", 2)

# 调用子类和父类的方法
cat.bark()  # 输出: Whiskers says Woof!
cat.purr()  # 输出: Whiskers says Purr!
```

在以上代码中，Cat 类继承了 Dog 类，所以 Cat 类实例化的对象 cat = Cat("Whiskers", 2)（一只叫 Whiskers 的 2 岁小猫），它具有 Cat 类自身行为 Purr 同时具备 Dog 的行为 bark。

（4）封装

封装是将数据和方法包装在类中，防止外部直接访问或修改对象的内部状态。通过使用私有属性和方法，可以实现封装。

示例代码：

```
# 使用封装创建私有属性和方法
class BankAccount:
    def __init__(self, balance):
        self.__balance = balance  # 私有属性

    def deposit(self, amount):
        self.__balance += amount

    def withdraw(self, amount):
        if amount <= self.__balance:
            self.__balance -= amount
        else:
            print("Insufficient funds")

    def get_balance(self):
        return self.__balance

# 创建一个 BankAccount 类的对象
account = BankAccount(1000)

# 尝试直接访问私有属性(不建议这样做)
# print(account.__balance)  # 会引发 AttributeError

# 使用公共方法访问和修改
account.deposit(500)
account.withdraw(200)

# 使用公共方法获取对象的状态
print("Account balance:", account.get_balance ( ) )
# 输出：Account balance: 1300
```

在以上代码中，定义私有属性：余额（self.__balance = balance），公共方法 deposit、withdraw、get_balance。

开始初始化了 1 个账户赋值 1000，通过公共方法 deposit 增加了 500，再通过 withdraw 方法提取了 200，最后通过 get_balance 方法查询余额为 1300。

（5）多态

多态允许同一种方法在不同的类中表现出不同的行为。它提高了代码的灵活性和可扩展性。

示例代码：

```python
# 使用多态实现相同的方法名在不同类中的不同行为
class Bird:
    def make_sound(self):
        pass

class Parrot(Bird):
    def make_sound(self):
        print("Squawk! ")

class Sparrow(Bird):
    def make_sound(self):
        print("Chirp! ")

# 创建 Bird 类的对象,可以是 Parrot 或 Sparrow
bird1 = Parrot()
bird2 = Sparrow()

# 调用相同的方法名,但表现出不同的行为
bird1.make_sound()  # 输出: Squawk!
bird2.make_sound()  # 输出: Chirp!
```

在以上代码中，Parrot 类与 Sparrow 类都继承 Bird 类，所以 Parrot 类下可以重写父类的方法 make_sound 发出 Squawk 声音，同理 Sparrow 类发出 Chirp 声音。

通过实例化 Parrot 类、Sparrow 类，创建出对象 bird1、bird2。虽然都调用 make_sound()方法，但由于子类重写父类的方法具体输出不一样，所以分别输出：“Squawk！”“Chirp！”。

4.4.6 Git 仓管托管代码

1. 基本概念

Git 是一个分布式版本控制系统，用于跟踪文件和项目的变化。以下是 Git 的一些基本概念。

1）仓库（Repository）：Git 仓库是一个项目的存储空间，包含项目的所有文件和历史记录，分为本地仓库和远程仓库。

2）本地仓库（Local Repository）：存储在计算机上的项目副本，通常由开发人员在本地使用。

3）远程仓库（Remote Repository）：存储在服务器上的项目副本，充当项目的中央版本，常见的远程仓库服务有 GitHub、GitLab 和 Bitbucket 等。

4）克隆（Clone）：从远程仓库复制整个项目到本地，创建本地仓库的过程。

5）提交（Commit）：将本地仓库的修改保存到版本历史中，每次提交都有一个唯一的标识符（哈希值）。

6）分支（Branch）：用于开发新功能或修复 BUG 的独立工作流，主分支通常是 master。

7）合并（Merge）：将一个分支的更改合并到另一个分支，以确保新的更改被整合到主分支中。

8）拉取（Pull）：从远程仓库获取最新的更改并将其合并到当前分支。

9）推送（Push）：将本地仓库的更改上传到远程仓库。

10）状态（Status）：查看工作目录和暂存区中文件的状态，了解哪些文件已修改、已暂存或未被跟踪。

11）拉取请求（Pull Request）：通常用于开源项目，开发者可以提出一份更改建议，由其他开发者审核并将其合并到主分支。

12）标签（Tag）：用于标记项目的特定版本，通常在发布稳定版本时使用。

2. Git 安装

以下是在不同操作系统上安装 Git 客户端的基本步骤。

（1）在 Windows 安装 Git

1）访问 Git 官网 https://git-scm.com/download/win。

2）下载版本：选择适用于 Windows 的安装程序，然后下载。

3）运行安装程序：打开下载的安装程序，并按照安装向导的提示进行操作。在安装过程中，可以选择默认设置或根据需要自定义设置。

4）选择编辑器：安装过程中会询问选择一个默认的文本编辑器。如果不确定，可以选择默认的“Use the Nano editor by default”选项。

5）选择 PATH 环境变量：在“Adjusting your PATH environment”页面上，选择“Use Git from the Windows Command Prompt”选项，以便在命令行中使用 Git。

6）选择 SSL 库：在“Configuring the line ending conversions”页面上，选择“Checkout as-is, commit as-is”选项。

7）完成安装：单击“Install”完成安装。

（2）在 macOS 安装 Git

如果使用 Homebrew，可以在终端中运行以下命令安装 Git。

```
brew install git
```

（3）在 Linux 安装 Git

Debian/Ubuntu 的安装命令：

```
sudo apt-get update
sudo apt-get install git
```

Red Hat/Fedora 的安装命令：

```
sudo yum install git
```

3. Git 命令

以下是一些常用的 Git 命令，通过命令行执行。

初始化一个新的仓库：

```
git init
```

克隆远程仓库到本地：

```
git clone <远程仓库 URL>
```

添加文件到暂存区：

```
git add <文件名>
```

查看文件状态：

```
git status
```

提交更改到本地仓库：

```
git commit -m "提交说明"
```

查看提交历史：

```
git log
```

创建并切换到新分支：

```
git checkout -b <新分支名>
```

切换到已存在的分支：

```
git checkout <分支名>
```

合并分支：

```
git merge <要合并的分支名>
```

查看分支：

```
git branch
```

拉取远程仓库的更新：

```
git pull
```

推送本地分支到远程仓库：

```
git push origin <分支名>
```

查看远程仓库信息：

```
git remote -v
```

创建标签：

```
git tag -a <标签名> -m "标签说明" <提交的哈希值或分支名>
```

查看帮助：

```
git --help
```

以上是一些 Git 的基础命令，用于初始化仓库、跟踪文件、提交更改、处理分支、同步远程仓库等基本操作。更详细的信息可以通过“git --help”命令查看 Git 的帮助文档或访问 Git 官方文档。

4. Git 高级概念及操作

Git 的高级概念和操作涉及更复杂的版本控制场景和工作流。

（1）分支管理

创建新分支：

```
git branch <branch-name>
```

切换到分支：

```
git checkout <branch-name>
# 或者
git switch <branch-name>
```

删除分支：

```
git branch -d <branch-name>
```

（2）合并与冲突解决

合并分支：

```
# 切换到目标分支
git checkout <target-branch>
# 合并源分支到目标分支
git merge <source-branch>
```

当合并引起冲突时，手动编辑冲突文件，然后运行：

```
git add <conflicted-file>
git merge --continue
```

（3）Stash

“git stash”是一个用于暂存当前工作目录的更改的命令。它允许将未提交的修改保存起来，以便可以再切换分支或执行其他操作时。

暂存当前工作目录的更改：

```
git stash
```

恢复暂存的更改：

```
git stash apply
```

（4）子模块（submodules）

“git submodules”是 Git 中用于管理子模块的机制。子模块允许在一个 Git 仓库中引入另一个仓库，并将其作为一个子目录管理，以保持这两个项目的独立性。

添加子模块：

```
git submodule add <repository-url> <path>
```

更新子模块：

```
git submodule update --recursive --remote
```

（5）挑选提交（cherry-pick）

```
git cherry-pick <commit-hash>
```

（6）推送标签

```
git push origin <tag-name>
```

（7）修改最后一次提交信息

```
git commit --amend
```

通过掌握这些高级操作，可以更灵活地管理项目的版本控制，处理复杂的开发工作流，确保代码库的稳定性和可维护性。

5. Git 工作流

（1）提交的工作流

以下是在 Git 中拉取一个仓库，修改内容并提交的基本命令操作。

1）克隆远程仓库。

```
git clone <仓库 URL>
```

将远程仓库克隆到本地，替换 <仓库 URL> 要克隆的仓库的实际 URL。

2）切换到仓库目录。

```
cd <仓库目录>
```

3）创建并切换到新分支。

```
git checkout -b feature-branch
```

4）进行修改。

使用任何文本编辑器或 IDE，修改需要的文件。

5）添加修改到暂存区。

```
git add .
```

将修改的文件添加到暂存区。如果只想添加特定文件，可以替换“.”为文件路径。

6）提交修改。

```
git commit -m "提交信息"
```

提交修改，替换“提交信息”为相关的提交信息。

7）推送到远程仓库。

```
git push origin feature-branch
```

将本地分支推送到远程仓库。替换 feature-branch 为分支名称。

（2）Git 分支管理

Git 分支管理工作流是团队在共同开发项目时使用的一种组织代码的方法。以下是一些常见的分支管理工作流程。

1）主分支（Main Branch）：

① 主分支通常被命名为 Main 或 Master。

② 包含项目的最新稳定版本。

③ 所有的发布版本都应该从主分支派生。

2）开发分支（Develop Branch）：

① 开发分支通常被命名为 Development。

② 从主分支出来，是进行持续集成和测试的主要分支。

③ 包含最新的开发版本。

④ 所有的特性分支都应该从开发分支派生。

3）特性分支（Feature Branch）：

① 特性分支用于开发新的功能。

② 从开发分支出来。

③ 完成特性开发后，将特性分支合并回开发分支。

4）发布分支（Release Branch）：

① 发布分支用于准备发布。

② 从开发分支出来，通常在发布前进行测试和修复 BUG。

③ 完成后，将发布分支合并回主分支和开发分支，并打上标签。

5）修复分支（Hotfix Branch）：

① 修复分支用于紧急修复线上问题。

② 从主分支出来，进行修复。

③ 完成后，将修复分支合并回主分支和开发分支，并打上标签。

（3）分支关系图

```
主分支 (Master)
  |
  +-- 开发分支 (Development)
        |
        +-- 特性分支 (Feature Branche)
        |
        +-- 发布分支 (Release Branch)
        |
        +-- 修复分支 (Hotfix Branch)
```

1）主分支（Master）：这是项目的主线，代表最新的稳定版本。

2）开发分支（Development）：这个分支是从主分支派生出来的，用于进行持续集成和测试。它是所有开发活动的基础。

3）特性分支（Feature Branche）：这些分支用于开发新功能。每个特性分支都是从开发分支派生出来的，用于开发特定的功能或特性。

4）发布分支（Release Branch）：这个分支用于准备新版本的发布。它可能是从开发分支派生出来的，用于最后的测试和准备发布。

5）修复分支（Hotfix Branch）：用于紧急修复线上问题。这些分支可能是从主分支派生出来的，用于快速修复生产环境中的紧急问题。

4.4.7 Pytest 快速入门

1. 初级：安装

在 macOS 或 Windows 系统下，打开终端需输入以下命令：

```
pip3 install Pytest
```

出现以下提示表示安装成功（具体版本在不同系统上略有差异）：

```
Successfully installed iniconfig-2.0.0 packaging-23.2 pluggy-1.4.0 Pytest-8.0.0
```

确认是否安装成功，继续在终端下输入以下命令：

```
Pytest --version

Pytest 8.0.0 (输出具体版本号,在不同系统上版本略有差异)
```

2. 初级：概念

Pytest 通过特定的命名规则和装饰器来识别测试文件和测试函数。以下是 Pytest 用于识别测试文件和测试函数的规则。

测试文件通常以 test_开头，并且文件名中通常包含“test”，例如：

1）test_example.py。

2）test_something.py。

3）my_tests.py。

Pytest 将会在这些文件中寻找测试函数。

测试函数的命名规则相对灵活，但通常以 test_开头，例如：

```
def test_addition():
    assert 1 + 1 == 2
```

如果使用测试类，类名也可以 Test 开头，并且测试方法应该以 test_开头，例如：

```
class TestMathOperations:
    def test_addition(self):
        assert 1 + 1 == 2
```

还可以使用 Pytest 提供的装饰器来标记测试，以便更灵活地组织和运行测试，例如：

```
import Pytest

@Pytest.mark.slow
def test_slow_operation():
    # Your test logic here
```

3. 初级：简单示例

打开 Pycharm 工具创建一个测试文件 test_calculator.py，里面代码如下：

```
import Pytest


# 使用装饰器标记一个测试
@Pytest.mark.slow
def test_slow_addition():
    result = 10+5
    assert result == 15

if __name__ == '__main__':
    test_slow_addition()
```

方式 1：在代码内部运行程序，并且在 Run 控制台会展示运行结果，如图 4-18 所示。

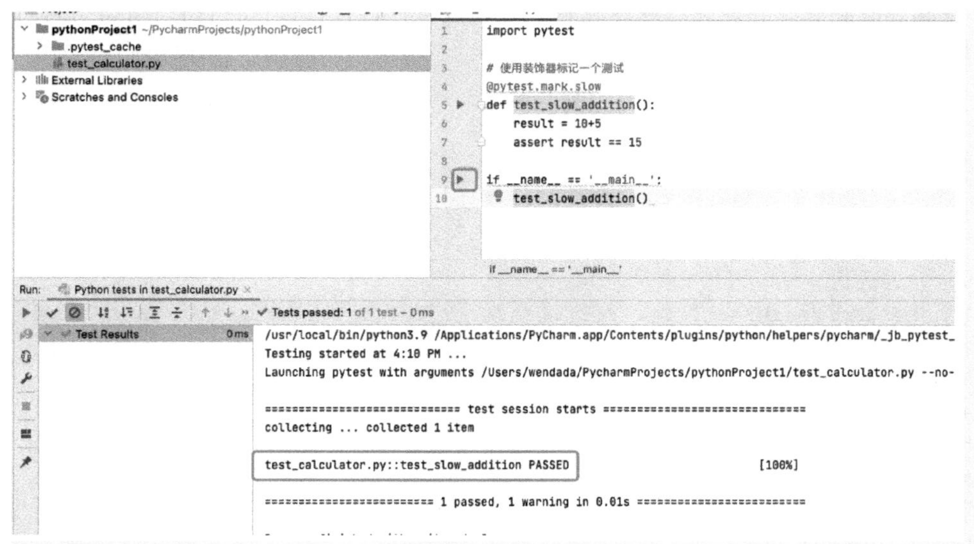

● 图 4-18 运行程序

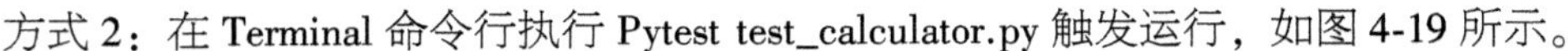

方式 2：在 Terminal 命令行执行 Pytest test_calculator.py 触发运行，如图 4-19 所示。

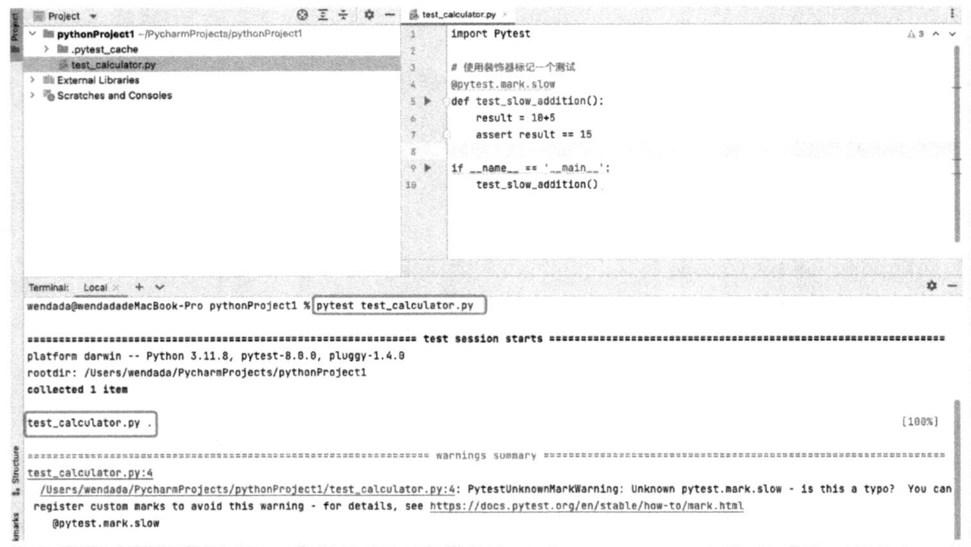

● 图 4-19 在 Terminal 命令行执行 Pytest test_calculator.py 触发运行

4. 中级：指定执行

Pytest 提供了多种方式来组织和运行测试，包括按文件、按函数、按标记执行等。

创建测试文件 test_file.py，代码如下：

```
import Pytest

@pytest.mark.math
def test_add():
    result = 3 + 3
    assert result == 6

@pytest.mark.math
def test_sub1():
    result = 10 - 3
    assert result == 7

@pytest.mark.math
def test_sub2():
    result = 10 - 4
    assert result == 6

@pytest.mark.other
```

```
def test_other():
    result ="abc"
    assert result =="abc"

if __name__ == '__main__':
    pass
```

以下是对应几种文件的执行方式及输出：

```
#按文件执行
pytest -v test_calculator.py
# 输出
test_math.py::test_add PASSED  [ 25%]
test_math.py::test_sub1 PASSED [ 50%]
test_math.py::test_sub2 PASSED [ 75%]
test_math.py::test_other PASSED [100%]

# 按函数名称执行,例:执行包含 sub 名称的函数
pytest -k sub
# 输出
test_math.py::test_sub1 PASSED   [ 50%]
test_math.py::test_sub2 PASSED   [ 100%]

#按打标执行,例:执行标记成 math 的函数
pytest -m math
#输出
test_math.py::test_add PASSED    [ 30%]
test_math.py::test_sub1 PASSED   [ 60%]
test_math.py::test_sub2 PASSED   [ 100%]
```

5. 中级： 参数化测试

(1) 单组测试数据

在 Pytest 中，夹具（fixture）是一种在测试运行之前和之后执行特定代码的机制，用于提供测试数据。

示例代码：

```
# test_calculator.py

import Pytest

def add(x, y):
    return x + y

# 准备测试数据
@Pytest.fixture
```

```
def numbers():
    return 2, 3

# 在测试之前执行的操作
@Pytest.fixture
def setup_before_test():
    print("\nSetting up before test......")

# 在测试之后执行的操作
@Pytest.fixture
def teardown_after_test():
    print("\nTearing down after test......")

# 使用夹具进行测试
def test_addition(numbers, setup_before_test, teardown_after_test):
    result = add(numbers[0], numbers[1])
    assert result == 5
```

在这个例子中：

1）numbers 夹具返回一个包含两个数字的元组，用于提供测试数据。

2）setup_before_test 夹具在每个测试之前打印一条消息，模拟在测试之前执行的操作。

3）teardown_after_test 夹具在每个测试之后打印一条消息，模拟在测试之后执行的操作。

测试函数 test_addition 使用这些夹具，通过 numbers 提供测试数据，并在测试之前和之后执行 setup_before_test 和 teardown_after_test 夹具。

（2）多组测试数据

@Pytest.mark.parametrize 是 Pytest 中用于参数化测试的装饰器，它允许定义多组输入参数，以便多次运行同一个测试函数，每次使用不同的参数组。

示例代码：

```
import Pytest


def add(x, y):
    return x + y

# 使用 @Pytest.mark.parametrize 定义多组参数
@Pytest.mark.parametrize("input_a, input_b, expected_result", [
    (2, 3, 5),
    (0, 0, 0),
    (-1, 1, 0),
    (10, -5, 5),
])
def test_addition(input_a, input_b, expected_result):
```

```
    result = add(input_a, input_b)
    assert result == expected_result

if __name__ == '__main__':
    test_addition()
```

在这个例子中：

1）使用 @Pytest.mark.parametrize 装饰器定义了一组参数，其中包含 input_a、input_b 和 expected_result。

2）每个参数组是一个元组，包含两个输入参数和一个期望的结果。

测试函数 test_addition() 使用这些参数运行多次，每次使用不同的参数组，以确保加法函数在各种输入情况下都能正常工作。

6. 高级：调试/运行参数

Pytest 包含很多运行选项，Xfail（expected failure）、Skip、--maxfail、-n <num>（多进程运行）以及 --junitxml 是一些常用的选项和机制，用于处理预期失败的测试、跳过测试、限制失败的测试数量、并行运行测试以及生成 JUnit XML 格式的报告。

（1）Xfail 参数

假设有一个测试文件 test_xfail_example.py，代码如下：

```
# test_xfail_example.py

import Pytest

@Pytest.mark.xfail
def test_expected_failure():
    assert 1 + 1 == 3
```

运行测试：

```
Pytest test_xfail_example.py
```

由于使用了 @Pytest.mark.xfail 装饰器，这个测试函数将被标记为“预期失败”，Pytest 将不会将此测试的结果视为实际失败。

（2）Skip 参数

假设有一个测试文件 test_skip_example.py，代码如下：

```
# test_skip_example.py

import Pytest

@Pytest.mark.skip(reason="Skipping this test for a specific reason.")
def test_skipped_test():
    assert 1 + 1 == 2
```

运行测试：

```
Pytest test_skip_example.py
```

由于使用了 @Pytest.mark.skip 装饰器，这个测试函数将被跳过执行。

(3) maxfail 参数

假设有一个测试文件 test_maxfail_example.py，代码如下：

```
# test_maxfail_example.py

def test_failure():
    assert 1 + 1 == 3

def test_another_failure():
    assert 2 * 2 == 5
```

运行测试：

```
Pytest --maxfail=1 test_maxfail_example.py
```

由于使用了"--maxfail=1"选项，测试将在第一次失败后停止执行，test_another_failure 用例不会被执行。

(4) 并行参数

假设有一个测试文件 test_parallel_example.py，代码如下：

```
# test_parallel_example.py

import time

def test_example_one():
    time.sleep(1)
    assert 1 + 1 == 2

def test_example_two():
    time.sleep(1)
    assert 2 * 2 == 4
```

运行测试：

```
Pytest -n 2 test_parallel_example.py
```

由于使用了"-n 2"选项，测试将并行运行在两个进程中。

(5) junitxml 参数

假设有一个测试文件 test_junitxml_example.py，代码如下：

```
# test_junitxml_example.py

def test_success():
```

```
    assert 1 + 1 == 2

def test_failure():
    assert 1 + 1 == 3
```

运行测试并生成 junitxml 报告：

```
Pytest --junitxml=test_report.xml test_junitxml_example.py
```

这将生成一个名为 test_report.xml 的 junitxml 格式的报告文件。

7. 高级：自定义插件

Pytest 的自定义插件可以帮助扩展 Pytest 的功能，以添加自定义行为或处理测试运行过程中的事件。

首先，创建一个名为 Pytest_custom_plugin.py 的文件，代码如下：

```
# Pytest_custom_plugin.py

import Pytest

def Pytest_runtest_protocol(item, nextitem):
    """
    #在每个测试函数执行前后输出信息的自定义插件
    """
    print(f"\n[Custom Plugin]Running test: {item.nodeid}")
    result = nextitem()
    print(f"[Custom Plugin]Test {item.nodeid} finished\n")
    return result
```

然后，创建一个测试文件 test_example.py，代码如下：

```
# test_example.py

def test_example_one():
    assert 1 + 1 == 2

def test_example_two():
    assert 2 * 2 == 4
```

运行测试：

```
Pytest --plugins=Pytest_custom_plugin.py test_example.py
```

在运行测试时，将看到插件的输出信息，它会在每个测试函数执行前后输出相应的信息。

8. 高级：生成报告/测量代码覆盖率

在 Pytest 中，可以使用一些工具来测量代码的覆盖率。其中一个常用的工具是 Pytest-cov 插件，它可以与 Pytest 一起使用，提供代码覆盖率的报告。

安装 Pytest-cov：

```
pip install Pytest-cov
```

运行测试并收集代码覆盖率信息：

```
Pytest --cov=your_module_or_package
```

在这个命令中，--cov 参数后面跟测试的模块或包的名称。

查看覆盖率报告：

```
Pytest --cov=your_module_or_package --cov-report=html
```

这将生成一个 HTML 格式的覆盖率报告，可以在生成的 htmlcov 目录下找到。

查看终端覆盖率报告：

```
Pytest --cov=your_module_or_package --cov-report=term
```

4.4.8 Selemiun 快速入门

1. 初级：安装与配置

Selenium 是一个浏览器自动化操作的工具，常用于 Web 应用程序的测试。以下是在 Python 中安装和配置 Selenium 的步骤。

（1）安装 Selenium

可以使用 pip 来安装 Selenium。打开终端（或命令提示符），然后运行以下命令：

```
pip install selenium
```

（2）下载浏览器驱动器

Selenium 需要浏览器驱动器来与浏览器进行通信，需要根据使用的浏览器下载相应的驱动器。

1） Chrome 驱动器：ChromeDriver，下载地址见附 1。

2） Firefox 驱动器：GeckoDriver，下载地址见附 2。

3） Edge 驱动器：Microsoft EdgeDriver，下载地址见附 3。

下载适合浏览器版本和操作系统的驱动器，并将其解压到一个合适的位置。

附 1：https://chromedriver.chromium.org/downloads。

附 2：https://github.com/mozilla/geckodriver/releases。

附 3：https://developer.microsoft.com/zh-cn/microsoft-edge/tools/webdriver/? form=MA13LH#downloads。

（3）配置驱动器路径

将下载的驱动器的路径添加到系统的环境变量中，或者在脚本中指定驱动器的路径，代码如下。

```
from selenium import webdriver

# 指定驱动器的路径
driver_path = "/path/to/your/driver/chromedriver"  # 替换驱动器路径

# 创建浏览器对象
driver = webdriver.Chrome(executable_path=driver_path)
```

（4）验证安装

编写一个简单的脚本，打开浏览器，访问百度，然后关闭浏览器。在Selenium高版本中可以使用webdriver_manager来自动下载浏览器驱动，以下示例使用Selenium版本是4.17.2以及webdriver_manager版本是4.0.1。

示例代码：

```
from selenium import webdriver
from selenium.webdriver.chrome.service import Service
from selenium.webdriver.chrome.options import Options
from webdriver_manager.chrome import ChromeDriverManager

def demo():
    chrome_options = Options()
    chrome_options.add_argument("--headless")

    # 使用 webdriver_manager 自动下载和管理 ChromeDriver
    chrome_service = Service(ChromeDriverManager().install())

    driver = webdriver.Chrome(service=chrome_service, options=chrome_options)

    # 打开网页
    driver.get("https://www.baidu.com")

    print("Page title:", driver.title)

    # 停留几秒
    driver.implicitly_wait(5)

    # 关闭浏览器
    driver.quit()


if __name__ == '__main__':
    demo()
```

输出：

```
#这里会获取到www.baidu.com网页的标题,输出“百度一下,你就知道”的提示语
Page title: 百度一下,你就知道
```

2. 初级：基础知识

WebDriver 是一个用于自动化 Web 浏览器的工具，它提供了一套 API（应用程序接口），可以通过编程方式控制浏览器的行为。WebDriver 的基本概念、架构和操作流程如下。

（1）基本概念

1）WebDriver：它是一个接口，定义了一系列用于操作浏览器的方法，如打开 URL、单击元素、输入文本等。不同的浏览器都有相应的 WebDriver 实现。

2）WebElement：它用于表示 Web 页面上的一个元素，例如按钮、文本框等，通过 WebDriver 可以定位和操作这些元素。

3）Locator：它是用于定位 WebElement 的一种机制，可以通过不同的方式（如 ID、名称、XPath 等）来唯一标识页面上的元素。

（2）WebDriver 架构

1）客户端库（Client Library）：WebDriver 提供了多种语言的客户端库，如 Java、Python、C# 等。通过这些库，开发者可以使用各种编程语言编写自动化测试脚本。

2）浏览器驱动（Browser Driver）：WebDriver 通过浏览器驱动与浏览器通信。每种浏览器都需要相应的浏览器驱动，例如 Chrome 需要 ChromeDriver，Firefox 需要 GeckoDriver。

3）浏览器（Browser）：WebDriver 通过浏览器驱动与浏览器进行交互。不同的浏览器需要使用相应版本的浏览器驱动。

4）执行环境（Execution Environment）：测试脚本运行时的环境，包括操作系统、浏览器版本等。测试脚本通过客户端库与浏览器驱动通信，浏览器驱动再与浏览器进行交互。

（3）操作流程

创建 WebDriver 实例：使用客户端库创建一个 WebDriver 实例，指定使用的浏览器和相应的浏览器驱动。

1）导航：使用 WebDriver 导航到目标 URL。

2）定位元素：使用定位器（Locator）找到页面上的元素，获取对应的 WebElement。

3）操作元素：对 WebElement 执行各种操作，如单击、输入文本等。

4）断言和验证：验证页面上的元素状态或属性，判断测试是否通过。

5）关闭浏览器：执行完测试后关闭浏览器。

3. 初级：元素定位

元素定位是 Selenium 中非常重要的一部分，它用于找到页面上的各种元素，从而进行交互操作。因为后续实战是基于 Selenium 4.20.0 版本，所以这里介绍的语法也是基于 Selenium 4 版本中的语法，其他版本略有差异。

1）通过 ID 定位：

```
driver.find_element(By.ID, "element_id")
```

2）通过名称定位：

```
driver.find_element(By.NAME, "element_name")
```

3）通过类名定位：

```
driver.find_element(By.CLASS_NAME, "element_class")
```

4）通过标签名定位：

```
driver.find_element(By.TAG_NAME, "tag_name")
```

5）通过链接文本定位：

```
driver.find_element(By.LINK_TEXT, "link_text")
```

6）通过部分链接文本定位：

```
driver.find_element(By.PARTIAL_LINK_TEXT, "partial_link_text")
```

7）通过 XPATH 定位：

```
driver.find_element(By.XPATH, "//xpath_expression")
```

8）通过 CSS 选择器定位：

```
driver.find_element(By.CSS_SELECTOR, "css_selector")
```

对于某些复杂的页面结构，可能需要使用更复杂的 XPath 或 CSS 选择器来精确定位元素。如可以使用浏览器的开发者工具（如 Chrome DevTools）来检查页面元素的结构，从而更好地编写定位表达式。

4. 初级：等待机制

Selenium 提供了等待机制（WebDriver Wait），用于在自动化测试中等待页面元素加载、状态改变或某个条件满足后再执行下一步操作，以增加测试的稳定性。等待机制有两种类型：隐式等待和显式等待。

（1）隐式等待（Implicit Wait）

隐式等待是在查找元素时设置的一个全局等待时间。当使用隐式等待时，WebDriver 将在查找元素时等待一段时间，如果在规定时间内找到了元素，则立即执行下一步操作；如果超过了等待时间仍未找到元素，则抛出 NoSuchElementException 异常，代码如下。

```
from selenium import webdriver

driver = webdriver.Chrome()
```

```
driver.implicitly_wait(10)  # 设置隐式等待时间为 10s

# 进行元素查找操作
driver.find_element(By.ID, "element_id")
```

在上述代码中，implicitly_wait(10)语句表示将全局等待时间设置为 10s，对后续的元素查找操作都有效，直到 WebDriver 被关闭。

（2）显式等待（Explicit Wait）

显式等待是通过 WebDriverWait 类来实现的，它允许设置一个等待条件和最大等待时间，直到条件满足或超过最大等待时间才执行下一步操作，代码如下。

```
from selenium.webdriver.common.by import By
from selenium.webdriver.support.ui import WebDriverWait
from selenium.webdriver.support import expected_conditions as EC

driver = webdriver.Chrome()

# 设置等待时间为 10s,每 0.5s 检查一次条件是否满足
wait = WebDriverWait(driver, 10, 0.5)

# 等待直到元素可见
element = wait.until(EC.visibility_of_element_located((By.ID, "example_id")))
```

在上述代码中，WebDriverWait 实例接收三个参数：WebDriver 对象、最大等待时间（s）、轮询间隔时间（s）。until 方法接收一个期望条件（Expected Condition）作为参数，这里使用 EC.visibility_of_element_located 表示等待元素可见。

5. 中级：窗口和框架处理

Selenium 进行 Web 自动化测试时，处理窗口和框架（Frame）是很重要的一部分，因为一个 Web 页面可能包含多个窗口或框架。以下是一些处理窗口和框架的基本方法。

（1）处理窗口

获取当前窗口句柄：

```
current_window = driver.window_handles[0]
```

获取所有窗口句柄：

```
all_windows = driver.window_handles
```

切换到新窗口：

```
new_window = driver.window_handles[1]
driver.switch_to.window(new_window)
```

在新窗口中执行操作后返回原窗口：

```
driver.switch_to.window(current_window)
```

（2）处理框架

通过索引、名称或 ID 切换到框架：

```
driver.switch_to.frame(0)  # 通过索引
driver.switch_to.frame("frame_name")  # 通过名称
driver.switch_to.frame("frame_id")  # 通过 ID
```

切换回默认内容：

```
driver.switch_to.default_content()
```

切换到父框架：

```
driver.switch_to.parent_frame()
```

一些片段代码示例：

```
......
# 处理窗口
current_window = driver.window_handles[0]
print("Current Window Title:", driver.title)

# 打开新窗口
driver.execute_script("window.open('https://example2.com', '_blank');")

# 切换到新窗口
new_window = driver.window_handles[1]
driver.switch_to.window(new_window)
print("New Window Title:", driver.title)

# 切换回原窗口
driver.switch_to.window(current_window)
print("Back to Current Window Title:", driver.title)

# 处理框架
driver.switch_to.frame("frame_name")
# 在框架中执行操作

# 切换回主内容
driver.switch_to.default_content()

# 关闭浏览器
driver.quit()
```

6. 中级：数据驱动和参数化

在 Selenium 中，数据驱动和参数化是两个关键的概念，它们允许更灵活地执行测试用例，使用不同的输入数据进行测试。

（1）数据驱动

数据驱动测试是指通过外部数据源来指导测试用例的执行，这样可以在不修改测试代码的情况下改变测试数据。

使用外部数据源的方式：

1）使用 Excel、CSV、JSON 等外部文件存储测试数据。

2）从数据库中获取测试数据。

一些判断代码示例：

```
import xlrd

# 读取 Excel 文件
workbook = xlrd.open_workbook('test_data.xlsx')
sheet = workbook.sheet_by_index(0)

# 获取数据
for row in range(1, sheet.nrows):
    username = sheet.cell_value(row, 0)
    password = sheet.cell_value(row, 1)
    ......
    # 执行测试步骤
    driver.find_element_by_id('username').send_keys(username)
    driver.find_element_by_id('password').send_keys(password)
    driver.find_element_by_id('login_button').click()
```

（2）参数化

参数化是指通过参数传递的方式，使测试用例可以接收不同的输入。对于使用 Pytest、unittest 等测试框架的情况，可以使用测试框架提供的参数化装饰器或者数据驱动插件。

一些片段代码示例：

```
import Pytest
from selenium import webdriver

# 测试数据
testdata = [
    ("user1", "pass1"),
    ("user2", "pass2"),
    ......
]

# 参数化装饰器
@Pytest.mark.parametrize("username, password", testdata)
def test_login(username, password):
    driver = webdriver.Chrome()
```

```
    driver.get("https://example.com")

    # 执行测试步骤
    driver.find_element_by_id('username').send_keys(username)
    driver.find_element_by_id('password').send_keys(password)
    driver.find_element_by_id('login_button').click()

    # 断言等其他操作

    driver.quit()
```

在这个例子中，test_login 函数被参数化，每次运行测试时，Pytest 会使用不同的输入数据执行测试。这样可以在不同情况下测试相同的登录用例。

7. 高级：Selenium Grid 组件

Selenium Grid 是 Selenium 的一个组件，它允许在不同的机器上并行执行测试用例，提高测试效率。Selenium Grid 由一个主节点（hub）和多个从节点（node）组成，测试用例通过主节点分发到不同的从节点执行。

首先，确保已经安装了 Selenium 和浏览器驱动程序，下载 Selenium Grid 包。

1）访问地址 https://www.selenium.dev/downloads/。

2）下载 Selenium Grid 最新 jar 包。

运行以下命令启动 Selenium Grid Hub：

```
java -jar selenium-server-standalone.jar -role hub
```

运行以下命令启动 Selenium Grid Node：

```
java -Dwebdriver.chrome.driver=chromedriver_path -jar \
selenium-server-standalone.jar -role \
node -hub http://localhost:4444/grid/register
```

编写测试脚本，确保在脚本中指定 Grid Hub 的地址，代码如下：

```
from selenium import webdriver
from selenium.webdriver.common.desired_capabilities import DesiredCapabilities

# 设置 Grid Hub 地址
hub_url = "http://localhost:4444/wd/hub"

# 创建 DesiredCapabilities
capabilities = DesiredCapabilities.CHROME.copy()

# 创建 WebDriver 实例
driver = webdriver.Remote(command_executor=hub_url, desired_capabilities=capabilities)

```

```
# 执行测试步骤
driver.get("https://example.com")
print(driver.title)

# 关闭浏览器
driver.quit()
```

运行测试脚本，观察测试用例是否被分发到 Selenium Grid 的不同节点并执行。

8. 高级：浏览器、键盘、鼠标的常用操作

以下是 Selenium 的 Web 页面操作的一些基本示例，包括初始化浏览器对象、访问页面、设置浏览器大小、前进后退操作、获取基础属性等。

一些片段代码示例：

```
......

# 打开网页
driver.get("https://www.example.com")

# 设置浏览器窗口大小
driver.set_window_size(1024, 768)

# 最大化浏览器窗口
driver.maximize_window()

# 获取当前页面标题
page_title = driver.title
print("Page Title:", page_title)

# 获取当前页面的 URL
current_url = driver.current_url
print("Current URL:", current_url)

# 执行一些操作,如等待或者单击按钮
time.sleep(2)

# 后退
driver.back()
time.sleep(2)

# 前进
driver.forward()
time.sleep(2)

# 刷新页面
```

```
driver.refresh()
time.sleep(2)

# 获取当前页面标题和 URL
updated_title = driver.title
updated_url = driver.current_url

print("Updated Page Title:", updated_title)
print("Updated Current URL:", updated_url)

# 关闭浏览器
driver.quit()
```

Selenium 提供了一些方法来进行 Cookies 的读取、添加和删除。以下是一些基本的示例。

读取 Cookies：

```
from selenium import webdriver

# 初始化浏览器对象
driver = webdriver.Chrome()

# 打开网页
driver.get("https://www.example.com")

# 获取所有 Cookies
cookies = driver.get_cookies()

# 打印所有 Cookies
for cookie in cookies:
    print(cookie)
```

添加 cookies：

```
from selenium import webdriver

# 初始化浏览器对象
driver = webdriver.Chrome()

# 打开网页
driver.get("https://www.example.com")

# 添加单个 Cookie
driver.add_cookie({"name": "example_cookie", "value": "cookie_value"})

# 添加多个 Cookies
cookies = [
```

```
    {"name": "cookie1", "value": "value1"},
    {"name": "cookie2", "value": "value2"}
]
for cookie in cookies:
    driver.add_cookie(cookie)
```

Selenium 提供了 ActionChains 类，用于模拟鼠标和键盘操作。以下是模拟鼠标右击、双击、拖拽、悬停等操作的基本示例：

```
from selenium import webdriver
from selenium.webdriver.common.action_chains import ActionChains

# 初始化浏览器对象
driver = webdriver.Chrome()

# 打开网页
driver.get("https://www.example.com")

# 模拟鼠标右击
right_click_element = driver.find_element_by_css_selector("your_selector")
ActionChains(driver).context_click(right_click_element).perform()

# 模拟鼠标双击
double_click_element = driver.find_element_by_css_selector("your_selector")
ActionChains(driver).double_click(double_click_element).perform()

# 模拟鼠标拖拽
source_element = driver.find_element_by_css_selector("your_source_selector")
target_element = driver.find_element_by_css_selector("your_target_selector")
ActionChains(driver).drag_and_drop(source_element, target_element).perform()

# 模拟鼠标悬停
hover_element = driver.find_element_by_css_selector("your_hover_selector")
ActionChains(driver).move_to_element(hover_element).perform()

# 执行一些其他操作
......

# 关闭浏览器
driver.quit()
```

上述代码中的 your_selector、your_source_selector、your_target_selector、your_hover_selector 应该替换为实际的 CSS 选择器，以便找到相应的页面元素。

Selenium 提供了 Keys 类，用于模拟键盘操作。以下是一些常见的键盘操作的示例：

```
from selenium import webdriver
from selenium.webdriver.common.keys import Keys
```

```

# 初始化浏览器对象
driver = webdriver.Chrome()

# 打开网页
driver.get("https://www.example.com")

# 定位输入框元素
input_element = driver.find_element_by_css_selector("your_input_selector")

# 模拟键盘删除键
input_element.send_keys(Keys.BACK_SPACE)

# 模拟键盘空格键
input_element.send_keys(Keys.SPACE)

# 模拟键盘制表键
input_element.send_keys(Keys.TAB)

# 模拟键盘返回键
input_element.send_keys(Keys.BACKSPACE)

# 模拟键盘回车键
input_element.send_keys(Keys.ENTER)

# 模拟键盘全选快捷键
input_element.send_keys(Keys.CONTROL, 'a')

# 模拟键盘复制快捷键
input_element.send_keys(Keys.CONTROL, 'c')

# 模拟键盘剪切快捷键
input_element.send_keys(Keys.CONTROL, 'x')

# 模拟键盘粘贴快捷键
input_element.send_keys(Keys.CONTROL, 'v')

# 模拟键盘<F1>键
input_element.send_keys(Keys.F1)

# 关闭浏览器
driver.quit()
```

9. 高级：JavaScript

在 Selenium 中也可以执行 JavaScript 代码来实现一些特殊的效果，如模拟滚动到页面底端、滑动至动态元素可见等。

模拟滚动到页面底端示例：

```python
from selenium import webdriver

# 初始化浏览器对象
driver = webdriver.Chrome()

# 打开网页
driver.get("https://www.example.com")

# 模拟滚动到页面底端
driver.execute_script("window.scrollTo(0, document.body.scrollHeight);")
```

滑动至动态元素可见示例：

```python
from selenium import webdriver

# 初始化浏览器对象
driver = webdriver.Chrome()

# 打开网页
driver.get("https://www.example.com")

# 定位动态元素
dynamic_element = driver.find_element_by_css_selector("your_dynamic_element_selector")

# 滑动至动态元素可见
driver.execute_script("arguments[0].scrollIntoView({behavior:'auto', block:'center', inline:'center'});", dynamic_element)
```

上述代码中的 your_dynamic_element_selector 应该替换为实际的 CSS 选择器，以便找到相应的动态元素。

这些 JavaScript 脚本可以通过 execute_script 方法在 Selenium 中执行。scrollTo 方法用于滚动页面，scrollIntoView 方法用于将指定元素滑动至可见区域。

4.4.9 JUnit 快速入门

JUnit 是一个广泛使用的 Java 测试框架，用于编写和运行可重复的测试。它提供了注解、断言、测试运行器等工具，帮助开发人员验证代码的正确性。以下是 JUnit 的快速入门知识点。

1. 安装 JUnit

要在项目中使用 JUnit，首先需要在构建工具中添加 JUnit 依赖。以下是 Maven 和 Gradle 的依赖配置。

Maven：

```xml
<dependency>
    <groupId>org.junit.jupiter</groupId>
```

```
    <artifactId>junit-jupiter-engine</artifactId>
    <version>5.8.1</version>
    <scope>test</scope>
</dependency>
```

Gradle：

```
testImplementation 'org.junit.jupiter:junit-jupiter-engine:5.8.1'
```

2. 基本注解

JUnit 5 提供了一系列注解，用于标识和控制测试方法的执行：

1）@Test：标记一个方法为测试方法。

2）@BeforeEach：在每个测试方法之前执行。

3）@AfterEach：在每个测试方法之后执行。

4）@BeforeAll：在所有测试方法之前执行，只执行一次，必须是静态方法。

5）@AfterAll：在所有测试方法之后执行，只执行一次，必须是静态方法。

6）@DisplayName：为测试方法设置自定义显示名称。

7）@Disabled：禁用测试方法。

3. 基本用法

编写一个简单的测试类：

```
import org.junit.jupiter.api.*;

import static org.junit.jupiter.api.Assertions.*;

class CalculatorTest {

    private Calculator calculator;

    @BeforeEach
    void setUp() {
        calculator = new Calculator();
    }

    @Test
    @DisplayName("Test addition")
    void testAddition() {
        assertEquals(5, calculator.add(2, 3), "2 + 3 should equal 5");
    }

    @Test
    @DisplayName("Test subtraction")
    void testSubtraction() {
```

```
        assertEquals(1, calculator.subtract(3, 2), "3 - 2 should equal 1");
    }

    @AfterEach
    void tearDown() {
        // Clean up if necessary
    }
}
```

Calculator 类的示例：

```
public class Calculator {
    public int add(int a, int b) {
        return a + b;
    }

    public int subtract(int a, int b) {
        return a - b;
    }
}
```

4. 断言

JUnit 提供了丰富的断言方法，用于验证测试结果：

1）assertEquals（expected，actual）：检查两个值是否相等。

2）assertNotEquals（unexpected，actual）：检查两个值是否不相等。

3）assertTrue（condition）：检查条件是否为真。

4）assertFalse（condition）：检查条件是否为假。

5）assertNull（object）：检查对象是否为 null。

6）assertNotNull（object）：检查对象是否不为 null。

7）assertThrows（expectedType，executable）：检查是否抛出了预期的异常。

示例代码：

```
@Test
void testAssertions() {
    assertEquals(4, 2 + 2);
    assertTrue(3 > 2);
    assertNotNull(new Object());
    assertThrows(IllegalArgumentException.class, () -> {
        throw new IllegalArgumentException("Invalid argument");
    });
}
```

5. 参数化测试

JUnit 5 支持参数化测试，允许在一个测试方法中使用多个输入参数。

参数化测试示例：

```
import org.junit.jupiter.params.ParameterizedTest;
import org.junit.jupiter.params.provider.ValueSource;

class ParameterizedTestExample {

    @ParameterizedTest
    @ValueSource(strings = {"racecar", "radar", "level"})
    void testPalindrome(String candidate) {
        assertTrue(isPalindrome(candidate));
    }

    boolean isPalindrome(String str) {
        return str.equals(new StringBuilder(str).reverse().toString());
    }
}
```

6. 运行 JUnit 测试

可以通过以下几种方式运行 JUnit 测试：

1）IDE：大多数 IDE（如 IntelliJ IDEA、Eclipse）都内置了对 JUnit 的支持，可以直接右击测试类或方法运行测试。

2）命令行：使用构建工具（如 Maven、Gradle）运行测试。

① Maven：mvn test。

② Gradle：gradle test。

通过掌握这些基础知识，可以快速上手 JUnit，并开始为 Java 代码编写单元测试。

4.4.10 返回结果提取

在 Python 中，可以使用不同的库和工具来提取 Web 响应的内容，具体提取方式取决于响应的格式。以下是对文本、JSON、XML 和 HTML 提取方式的简要说明。

1. 文本正则表达式提取

如果响应内容是纯文本，可以使用字符串加正则表达式匹配处理方法来提取内容。

示例代码：

```
#extract_txt.py

import requests
import re

response = requests.get('https://example.com/text')
text_content = response.text
```

```
# 假设包含以下内容
text_content = "This is an example text with phone numbers: 123-456-7890 and 987-654-3210."

# 定义一个匹配电话号码的正则表达式
phone_pattern = re.compile(r'\d{3}-\d{3}-\d{4}')

# 使用正则表达式进行匹配
matches = re.findall(phone_pattern, text_content)

# 输出匹配结果
for match in matches:
    print(f"Found phone number: {match}")

if __name__ == '__main__':
    pass
```

返回：

```
Found phone number: 123-456-7890
Found phone number: 987-654-3210
```

2. JSON 格式提取

如果响应内容是 JSON 格式，可以使用内置的 JSON 模块解析 JSON 数据。

示例代码：

```
# extract_json.py

import requests

response = requests.get('https://example.com/json')
# json_content = response.json()

# 假设包含以下内容
json_content = {"name": "John Doe", "age": 30, "city": "New York"}

# 处理 JSON 内容
print(json_content['name'])


if __name__ == '__main__':
    pass
```

返回：

```
John Doe
```

3. XML 格式提取

对于 XML 格式的响应内容，可以使用 xml.etree.ElementTree 模块来解析 XML。

示例代码：

```
# extract_xml.py

import requests
import xml.etree.ElementTree as ET

xml_content = requests.get('https://example.com/xml')

# 假设包含以下内容
xml_content = """
<root>
    <person>
        <name>John Doe</name>
        <age>30</age>
        <city>New York</city>
    </person>
    <person>
        <name>Jane Doe</name>
        <age>25</age>
        <city>London</city>
    </person>
</root>
"""

res = ET.fromstring(xml_content)

# 处理 XML 内容
for person in res.findall('person'):
    name = person.find('name').text
    age = person.find('age').text
    city = person.find('city').text
    print(f"Name: {name}, Age: {age}, City: {city}")

if __name__ == '__main__':
    pass
```

返回：

```
Name: John Doe, Age: 30, City: New York
Name: Jane Doe, Age: 25, City: London
```

4. HTML 格式提取

如果响应内容是 HTML 格式，可以使用解析库如 BeautifulSoup 或 lxml 来提取内容。

示例代码：

```python
# extract_html.py

import requests
from bs4 import BeautifulSoup

response = requests.get('https://example.com/html')
html_content = response.text

# 假设包含以下内容
html_content = """
<html>
    <body>
        <h1>Welcome to Python HTML Parsing</h1>
        <p>This is a paragraph.</p>
        <ul>
            <li>Item 1</li>
            <li>Item 2</li>
            <li>Item 3</li>
        </ul>
    </body>
</html>
"""

# 使用 BeautifulSoup 解析 HTML
soup = BeautifulSoup(html_content, 'html.parser')

# 提取信息
title = soup.h1.text
paragraph = soup.p.text
list_items = [li.text for li in soup.find_all('li')]

print(f"Title: {title}")
print(f"Paragraph: {paragraph}")
print(f"List Items: {list_items}")


if __name__ == '__main__':
    pass
```

返回：

```
Title: Welcome to Python HTML Parsing
Paragraph: This is a paragraph.
List Items: ['Item 1', 'Item 2', 'Item 3']
```

5. 文本+JSON 格式提取

在实际使用过程中，通常需要多种方式进行结果提取，要么先通过正则表达式匹配将关键数据提取出来，再通过 JSON 格式进行提取，要么是先通过 JSON 格式提取，然后再通过正则表达式进行关键匹配。

4.5 基于 JMeter 进行性能测试实战

4.5.1 环境准备

1. 启动程序

参考 3.6 节“实战项目”启动项目，并访问登录页面。

2. 获取登录请求参数

获取登录请求参数步骤如下：

1）打开浏览器的开发者模式：选择“更多工具”-单击“开发者工具”。

2）在浏览器底部出现状态栏，选中 Network 一栏。

3）输入用户名及密码，单击登录。

4）获取 login 接口 http://localhost/dev-api/auth/login 请求中需要的参数，如图 4-20 所示。

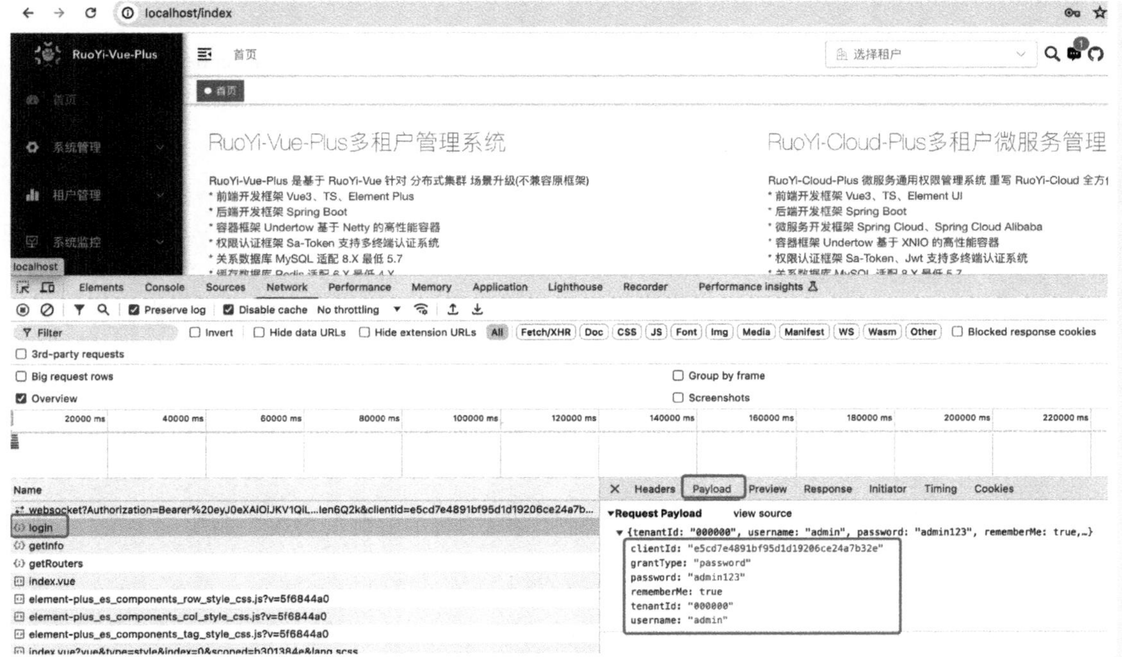

图 4-20 获取登录请求参数

4.5.2 JMeter 安装

1. 在 Mac 上安装与启动

1）确认 Java 已经安装，在命令行输入命令：java -version，要求 Java 版本在 8（含）以上。

2）下载 JMeter 二进制文件，访问官网 https://jmeter.apache.org/download_jmeter.cgi，这里可以选择 tgz 或 zip 文件，示例选择 tgz 包，如图 4-21 所示。

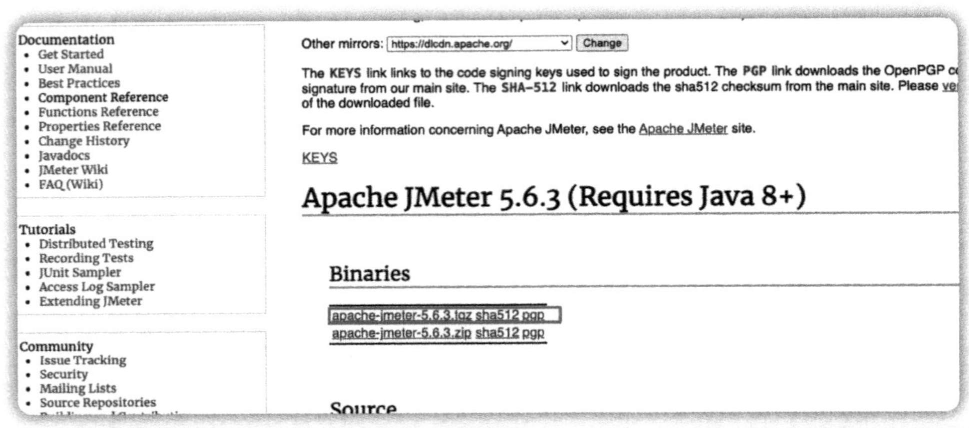

图 4-21 下载 JMeter tgz 包

3）若因为网络原因无法下载，可以在 https://gitee.com/welsh_wen/test-tech-logic-guide 上进行下载，如图 4-22 所示。

图 4-22 选择备用地址下载

4）解压包，输入命令：tar xf apache-jmeter-5.6.3.tgz。

5）设置环境变量，编辑 .bash_profile 或 .zshrc 文件，在文件末尾添加 bin 变量，如图 4-23 所示。

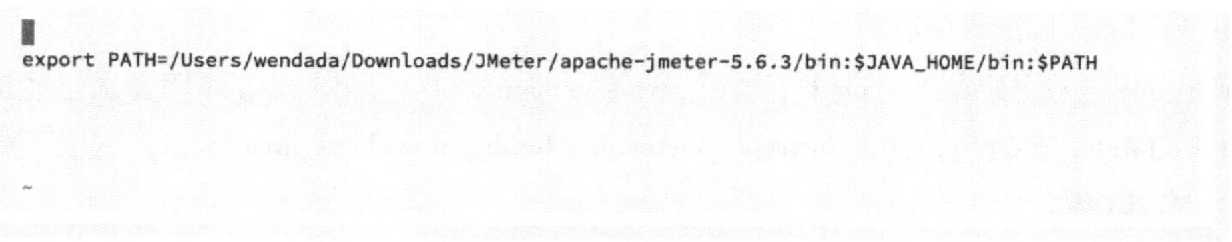

● 图 4-23　设置环境变量

6）在命令行下执行 “source ~/.bash_profile” 用于更新环境变量，然后通过 “jmeter” 命令启动脚本程序，如图 4-24 所示。

```
wendada@wendadadeMacBook-Pro ~ % vim .bash_profile
wendada@wendadadeMacBook-Pro ~ % source .bash_profile
wendada@wendadadeMacBook-Pro ~ % jmeter
WARNING: package sun.awt.X11 not in java.desktop
WARN StatusConsoleListener The use of package scanning to locate plugins is deprecated and will be removed in a future release
WARN StatusConsoleListener The use of package scanning to locate plugins is deprecated and will be removed in a future release
WARN StatusConsoleListener The use of package scanning to locate plugins is deprecated and will be removed in a future release
WARN StatusConsoleListener The use of package scanning to locate plugins is deprecated and will be removed in a future release
================================================================================
Don't use GUI mode for load testing !, only for Test creation and Test debugging.
For load testing, use CLI Mode (was NON GUI):
   jmeter -n -t [jmx file] -l [results file] -e -o [Path to web report folder]
& increase Java Heap to meet your test requirements:
   Modify current env variable HEAP="-Xms1g -Xmx1g -XX:MaxMetaspaceSize=256m" in the jmeter batch file
Check : https://jmeter.apache.org/usermanual/best-practices.html
================================================================================
```

● 图 4-24　启动脚本程序

7）进入 JMeter 启动后的页面，如图 4-25 所示。

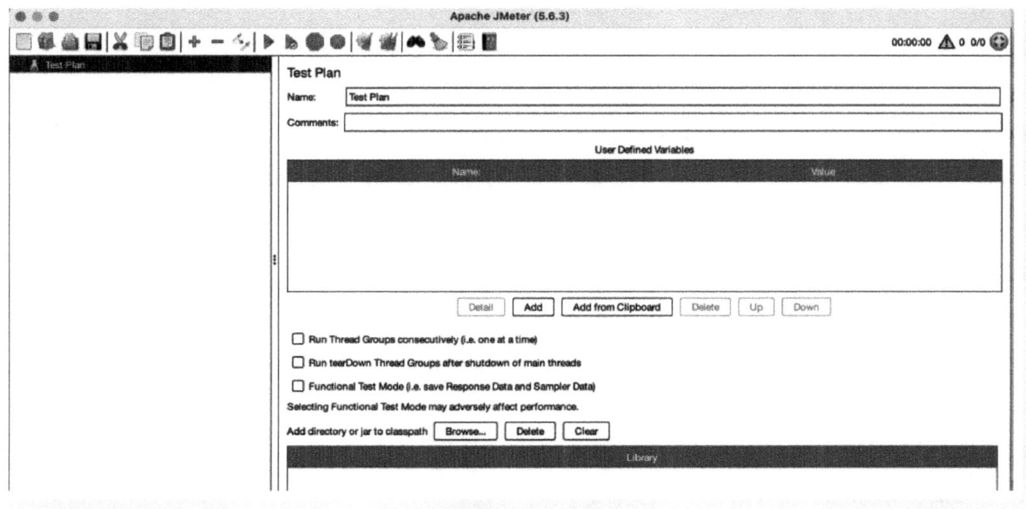

● 图 4-25　启动页面

2. 在 Windows 上安装与启动

1）确认 Java 已经安装，在 cmd 下执行 java --version 命令，确保 Java 环境变量已经加载。

2）下载 JMeter 安装包，访问 https://jmeter.apache.org/download_jmeter.cgi，这里下载 Binaries（二进制）的 zip 包。

3）下载后解压缩，进入 bin 目录，启动 jmeter.bat 文件。

4.5.3 JMeter 脚本调试

1. 线程组设置

对前文的后台登录接口进行请求模拟，具体操作为在 Test Plan 下添加线程组：Test Plan -> Add -> Threads（Users）->Thread Group，如图 4-26 所示。

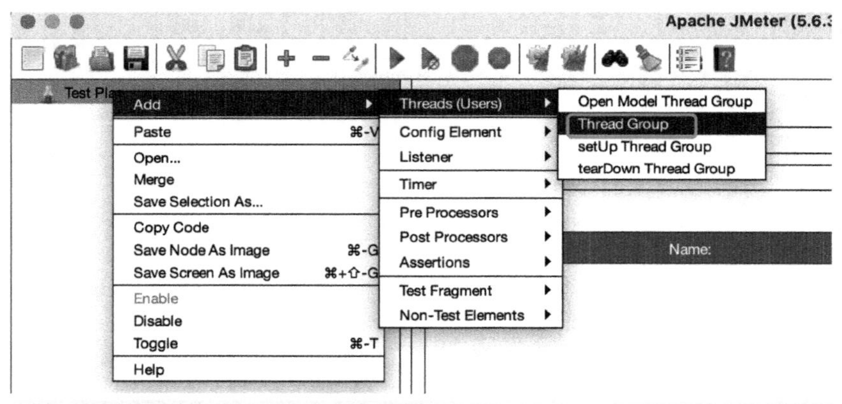

● 图 4-26 添加线程组

如果按照配置：Number of Threads（users）设置为 5、Ramp-up period（seconds）设置为 3、Loop Count 设置为 2，则表示 5 个用户在 3s 内完成登录请求，并且要重复登录 2 次，如图 4-27 所示。

2. 模拟 HTTP 登录

（1）添加 HTTP 请求

在线程组下添加 HTTP Request 组件，选择 Thread Group -> Add -> Sampler -> HTTP Request，并且构造数据请求，如图 4-28 所示。

（2）填写 HTTP 内容

1）Name：请求接口名称，可自行指定。

2）Comments：接口注释。

3）Protocol［http］：接口的协议，默认是 HTTP，也可填写 HTTPS。

● 图 4-27　设置线程属性

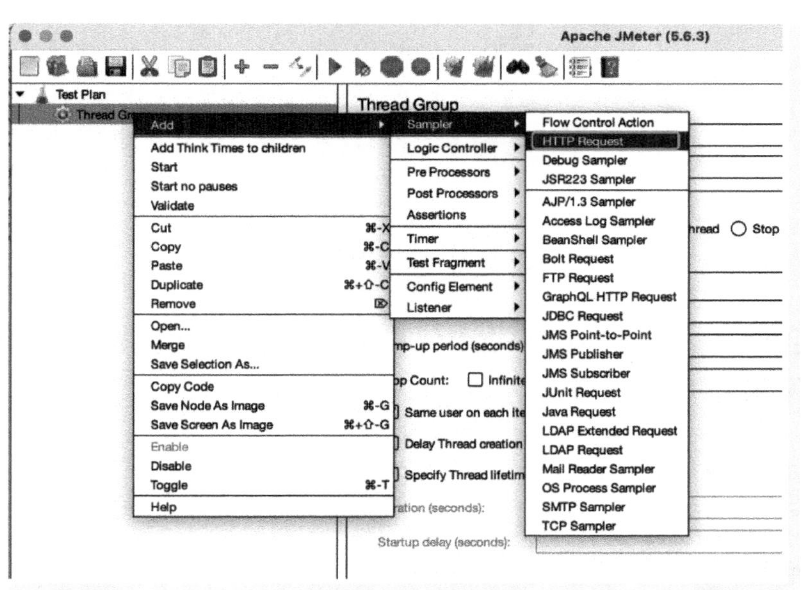

● 图 4-28　添加 HTTP 请求

4）IP：服务器 ip 地址，支持域名填写。

5）Port Number：服务端口。

6）HTTP Requst：请求方式，支持 POST、GET、PUT、DELETE 等方法。

7）Path：接口地址。

（3）填写 HTTP 参数

1）第 1 种：请求头中 Content-Type：application/json，这种需要用 json 格式进行参数传递，需要在 Body Data 中填写。

2）第 2 种：请求头中 Content-Type：application/x-www-form-urlencoded，这种需要用表达进行格式传递，需要在 Parameter 填写。

这里登录接口需要用到第 1 种，请求地址：localhost；请求路径：/dev-api/auth/login；请求参数：勾选 Body Data；填写 json 串，如图 4-29 所示。

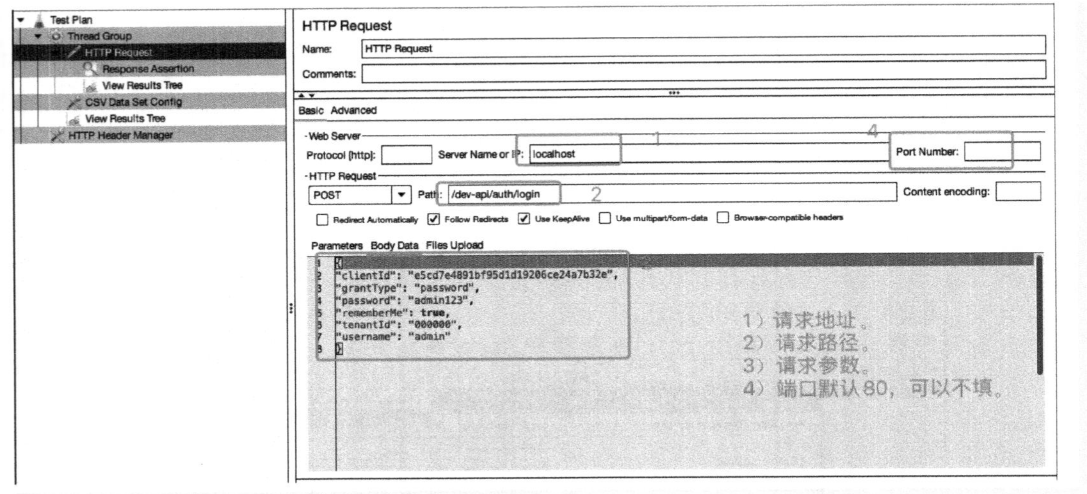

● 图 4-29　设置 HTTP 参数

json 串通过 4.5.1 节中的方法获取，其中 clientId 根据读者本地浏览器前端请求中的实际值进行替换，具体设置如下。

```
{
"clientId": "e5cd7e4891bf95d1d19206ce24a7b32e",
"grantType": "password",
"password": "admin123",
"rememberMe": true,
"tenantId": "000000",
"username": "admin"
}
```

（4）HTTP 信息头管理器

模拟完登录请求后，还需要添加 HTTP 信息头，不然请求不会被后台服务所处理，添加步骤：Test Plan -> Add -> Config Element -> HTTP Header Manager，添加 Content-Type 为 json 的类型，如图 4-30 所示。

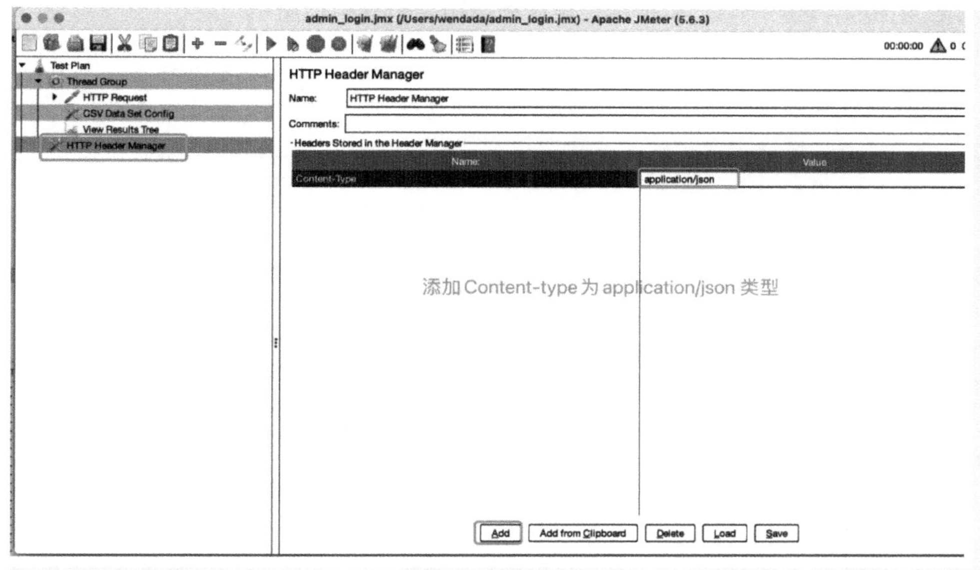

● 图 4-30　设置 HTTP 信息头

3. 查看结果树

添加完成 HTTP 请求后，需要添加结果树，否则无法看到请求响应，具体添加步骤：选择 Thread Group -> Add -> Listener->View Results Tree，如图 4-31 所示。

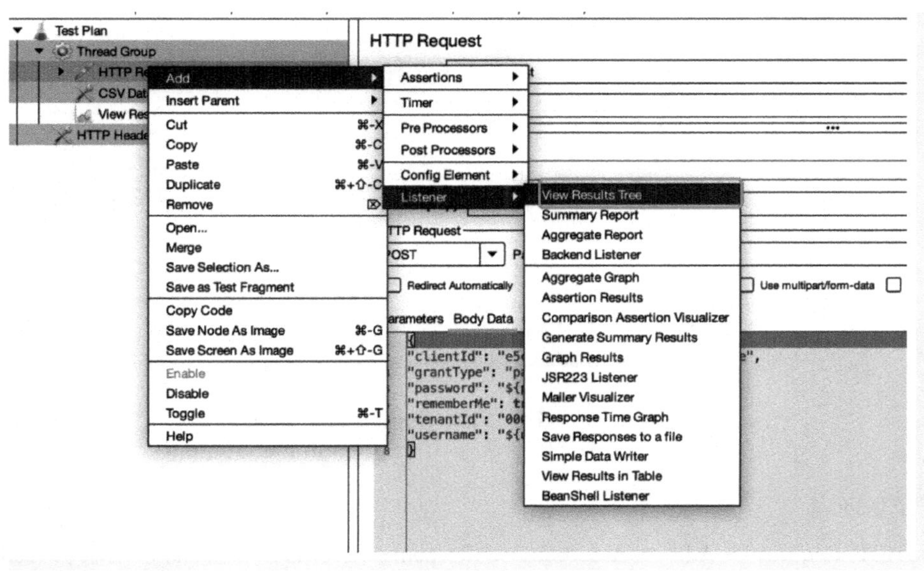

● 图 4-31　设置结果树

运行登录请求，选择 HTTP Request，单击▶按钮，如图 4-32 所示。

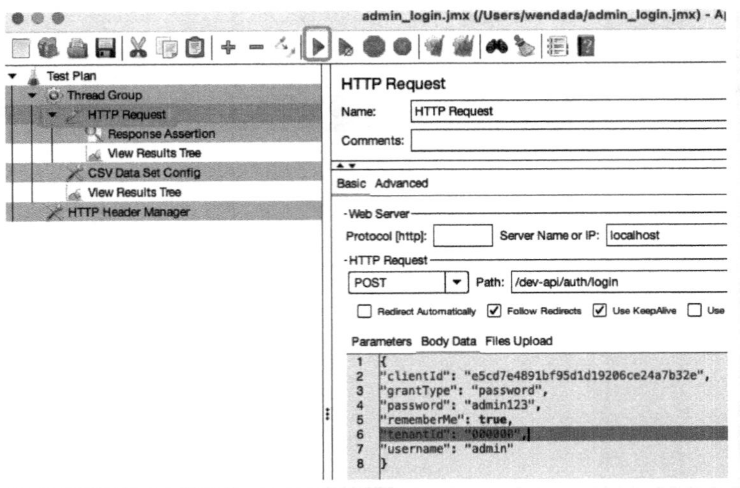

● 图 4-32　运行登录请求

查看 View Results Tree 结果，如图 4-33 所示。

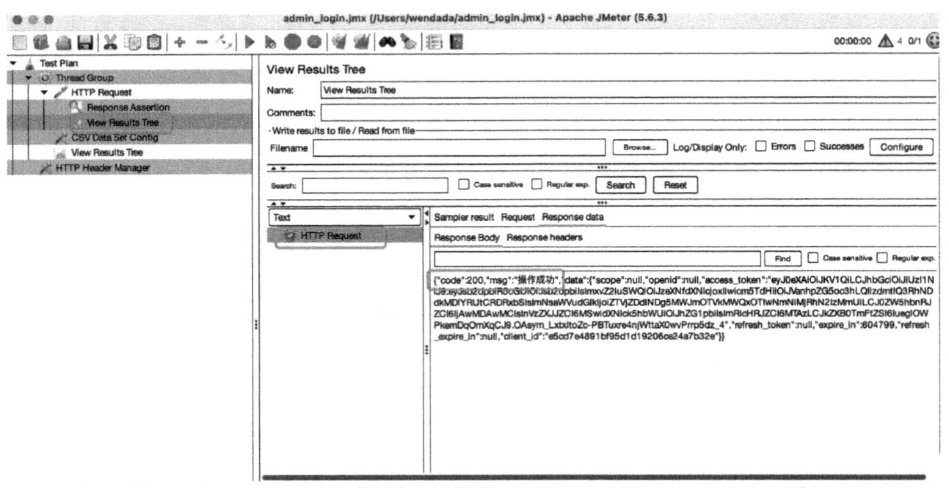

● 图 4-33　查看 View Results Tree 结果

4. 登录后断言

选择 HTTP Request -> Add -> Assertions -> Response Assertion，设置断言内容："code":200, "msg":"操作成功"，如图 4-34 所示。

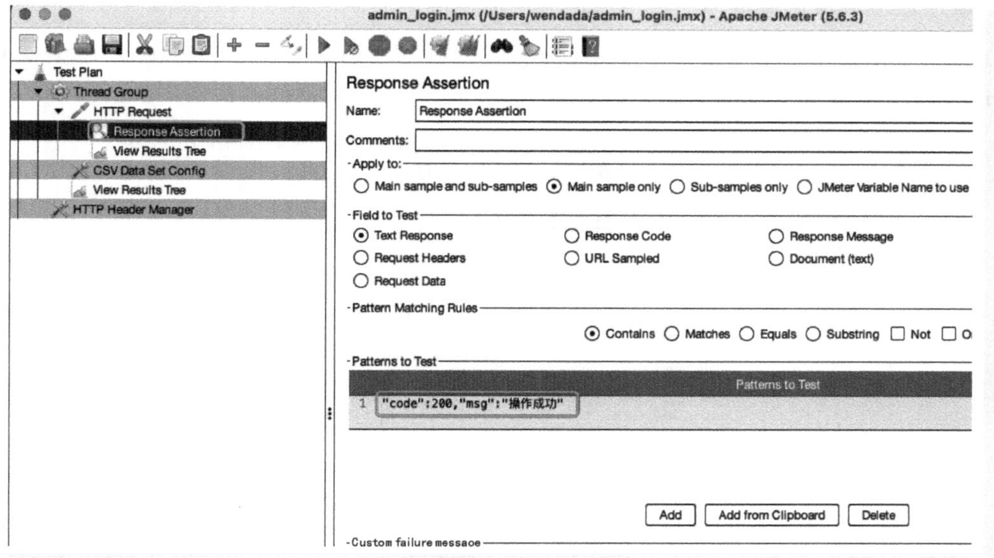

● 图 4-34　设置断言内容

4.5.4　JMeter 脚本增强

1. 批量导入登录用户

使用 admin 用户登录后台后，进入用户管理页面下载模板，通过 Excel 批量导入 200 个用户（user1～user200），如图 4-35 所示。

● 图 4-35　批量导入登录用户

导入成功后，会有提示展示，全部用户会设置默认密码 123456。

2. 通过 CSV 参数化脚本

1）在 JMeter 下利用 CSV Data Set Config 进行数据参数化：Thread Group -> Add -> Config Element -> CSV Data Set Config，如图 4-36 所示。

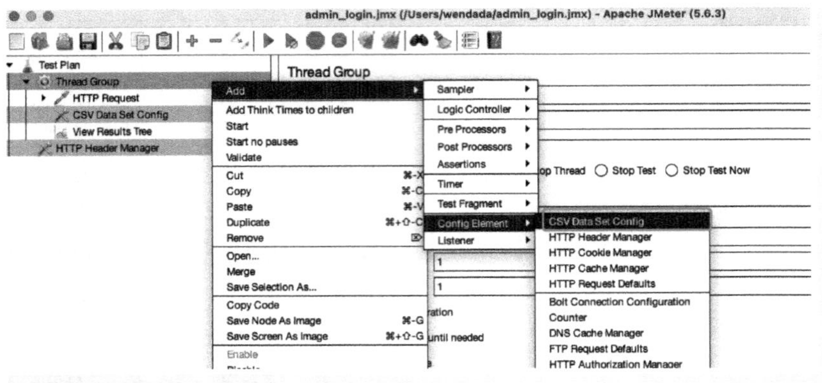

● 图 4-36 CSV 参数化脚本

2）在 CSV Data Set Config 下添加参数文件（Filename）“login.txt”、变量名称（Variable Names）设置成“user,passwd”格式、分隔符（Delimiter）设置成英文半角逗号，其他的保持默认值，如图 4-37 所示。

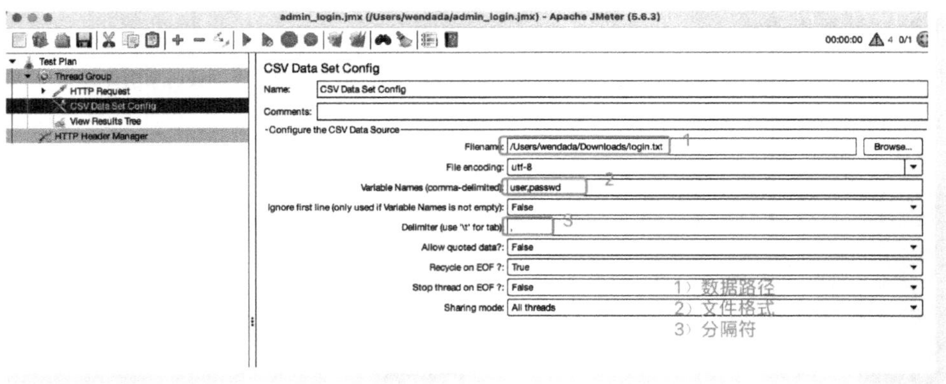

● 图 4-37 配置 CSV 加载格式

3）其中 login.txt 的内容如图 4-38 所示。

4）将请求中 Body Data 的 password 与 username 值替换成“${passwd}”与“${user}”格式，如图 4-39 所示。

5）发送请求后，确认请求参数已替换成对应值，并且查看 Response data 的内容是成功的，如图 4-40 所示。

● 图 4-38　login.txt 的内容

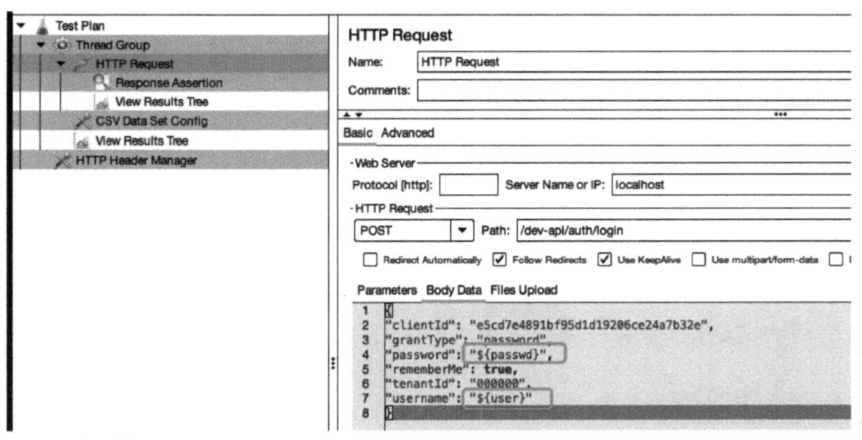

● 图 4-39　Body Data 参数化

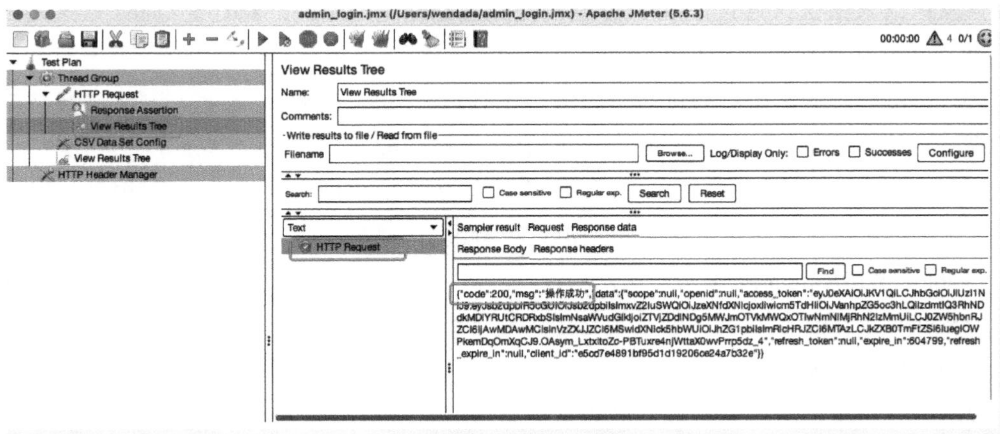

● 图 4-40　查看结果

3. 并发脚本

1）在 Thread Group 设置并发参数：线程数（即并发数）设置为 5、Ramp-Up 时间（s）设置为 1、循环次数设置为 2（请求的数量=线程数 * 循环次数，5 * 2=10 次请求），如图 4-41 所示。

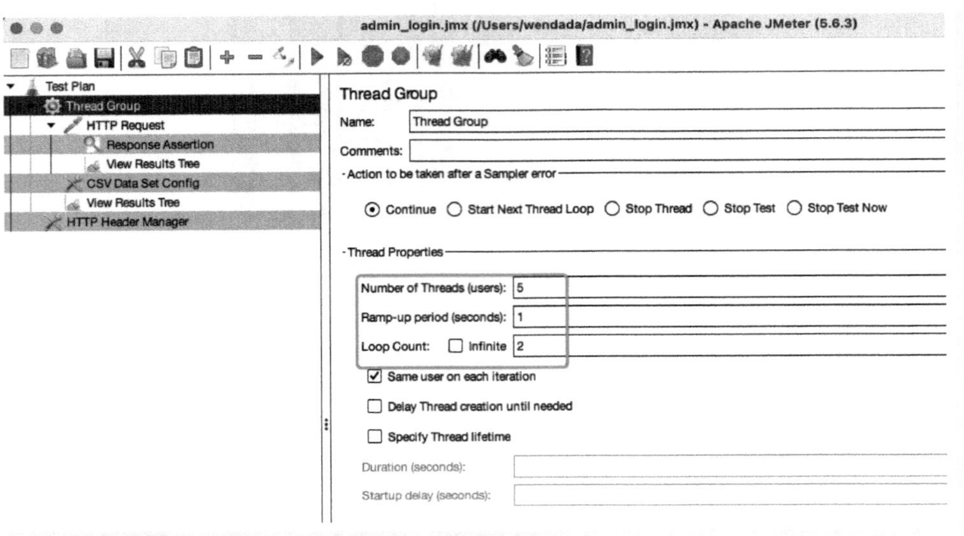

● 图 4-41　设置并发参数

2）单击“运行”按钮，查看结果，请求了 10 次，每次取值均不同。

4.5.5　性能监控

1. 客户端监控

监控发送请求情况，通过添加聚合报告完成：Thread Group -> add -> Listener -> Aggregate Graph，客户端请求监控如图 4-42 所示。

监控客户端资源的情况：通过自带的监控工具对其 CPU、内存、磁盘、网络进行监控，判断客户端的资源是否充足，以便扩充对应的资源，如图 4-43 所示。

聚合报告内包含 Lable、#Samples、平均值、中位数、90%百分位、95%百分位、99%百分位、最大值、最小值、错误率、吞吐量、接收速率和发送速率。

1）Lable：HTTP Request。

2）#Samples：表示这次测试中一共发出了多少个请求。

3）平均值（Average）：平均响应时间，默认情况下是单个请求的平均响应时间。

4）中位数（Median）：中位数，也就是 50% 用户的响应时间。

5）90%百分位：90%用户的响应时间。

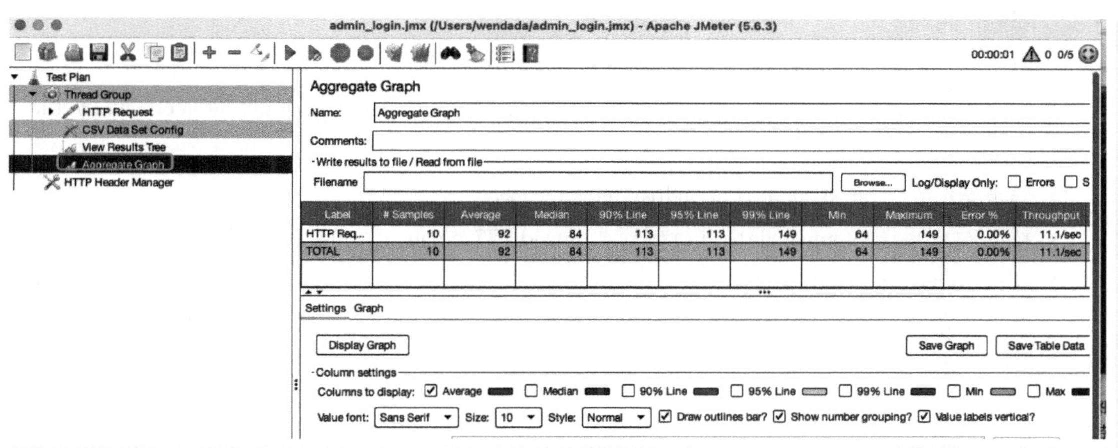

Label	# Samples	Average	Median	90% Line	95% Line	99% Line	Min	Maximum	Error %	Throughput
HTTP Req...	10	92	84	113	113	149	64	149	0.00%	11.1/sec
TOTAL	10	92	84	113	113	149	64	149	0.00%	11.1/sec

● 图 4-42　客户端请求监控

活动监视器
所有进程
CPU 内存 能耗 磁盘 网络

进程名称	% CPU	CPU...	线程	闲置唤醒	种类	% GPU	GPU时间	PID	用户
PluginLibraryS...	0.0	0.00	2	0	Apple	0.0	0.00	257	
endpointsecur...	0.0	0.00	1	0	Apple	0.0	0.00	110	
com.apple.aud...	0.0	0.01	2	0	Apple	0.0	0.00	282	
ZhuGeService	0.0	0.01	2	0	Apple	0.0	0.00	283	
IOUserBluetoo...	0.0	0.01	2	0	Apple	0.0	0.00	427	
PluginLibraryS...	0.0	0.01	2	0	Apple	0.0	0.00	1000	
KernelEventAg...	0.0	0.01	2	0	Apple	0.0	0.00	159	
IOUserBluetoo...	0.0	0.01	2	0	Apple	0.0	0.00	426	
postgres	0.0	0.01	1	0	Apple	0.0	0.00	1012	
periodic-wrap...	0.0	0.01	2	0	Apple	0.0	0.00	2442	

● 图 4-43　客户端资源监控

6）95%百分位：95%用户的响应时间。

7）99%百分位：99%用户的响应时间。

8）最小值（Minimum）：最小响应时间。

9）最大值（Maximum）：最大响应时间。

10）错误率（Error%）：本次测试中出现的错误率，即错误的请求数量/请求的总数。

11）吞吐量（Throughput）：默认情况下表示每秒完成的请求数（Request per Second），单位时间内处理完的请求数越多，说明系统的效率越高。

12）接收速率 KB/sec（Received KB/sec）：每秒服务器端接收到的数据量。

13）发送速率 KB/sec（Sent KB/sec）：每秒客户端发送的请求数量。

2. 服务端监控

服务端监控的系统资源包含：CPU、IO、内存、磁盘读写等。这里推荐使用 nmon 工具进行监控，步骤如下。

1）通过命令 cat /proc/version 或 uname -a 确定当前系统版本。

2）在线下载 nmon 工具到对应目录，命令为：wget http://sourceforge.net/projects/nmon/files/nmon16m_helpsystems.tar.gz。

3）解压安装包：tar xf nmon16m_helpsystems.tar.gz。

4）找到对应系统的 nmon 工具进行授权：chmod 777 nmon_x86_64_centos7。

5）启动./nmon_x86_64_centos7。

6）启动后的页面，根据指令输入 c \ m \ d 来监控 CPU、Memory（内存）、Disk（磁盘）等指标，如图 4-44 所示。

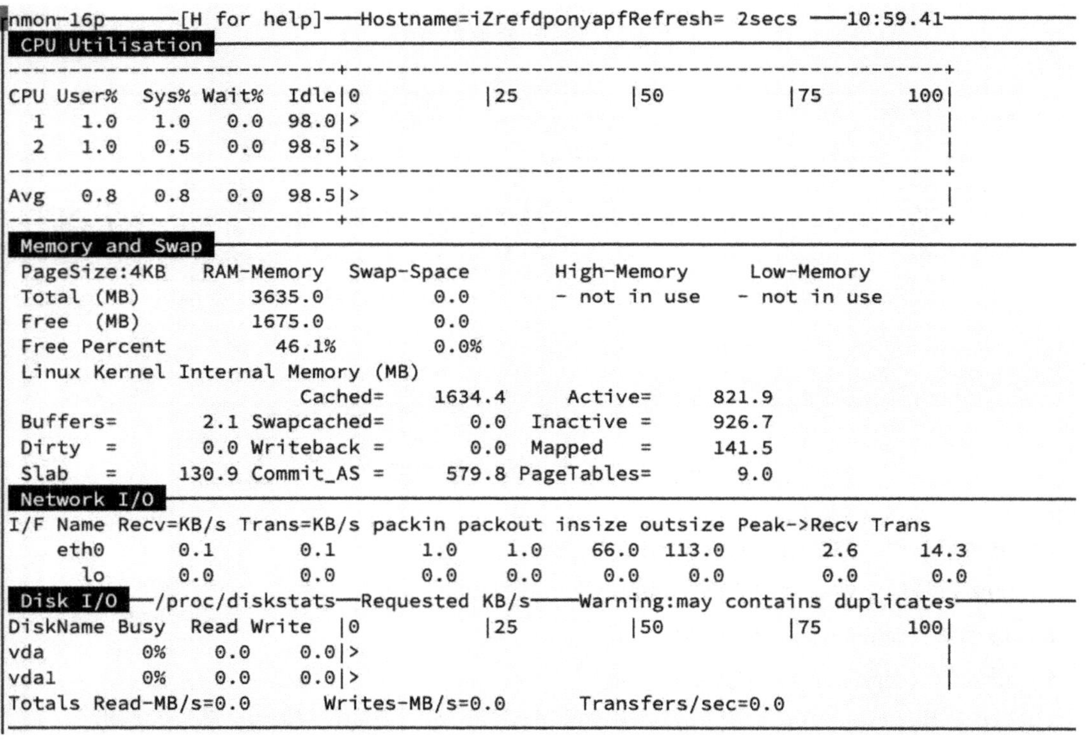

● 图 4-44　监控页面

7）出现报错“-bash：./nmon_power cannot execute binary file”表示脚本与系统不兼容，需要找到对应版本进行启动。

8）也可以通过 Linux 在线命令安装：yum install nmon。

4.6 基于 Pytest 进行接口自动化测试实战

4.6.1 本地环境准备

1. 安装 Python

Python 安装步骤：

1）访问 Python 官网 https://www.python.org/downloads/，下载对应软件包，并按照提示进行安装。

2）安装完成，在终端中输入命令 python3 --version，确认安装成功。

2. 安装 Pycharm

Pycharm 安装步骤：

1）访问官网 https://www.jetbrains.com/Pycharm/download/，选择对应软件包，并且按照提示进行安装。

2）打开软件，设置 Python 解释器：Preferences -> Python Interpreter -> 设置对应 Python 版本。

3. 在 Pycharm 内创建项目

在 Pycharm 内创建项目步骤：

1）创建新项目：File -> New Project -> 在 Location 的最后添加命名 auto_test_project -> Interpreter 选择已安装的 Python3.9，如图 4-45 所示。

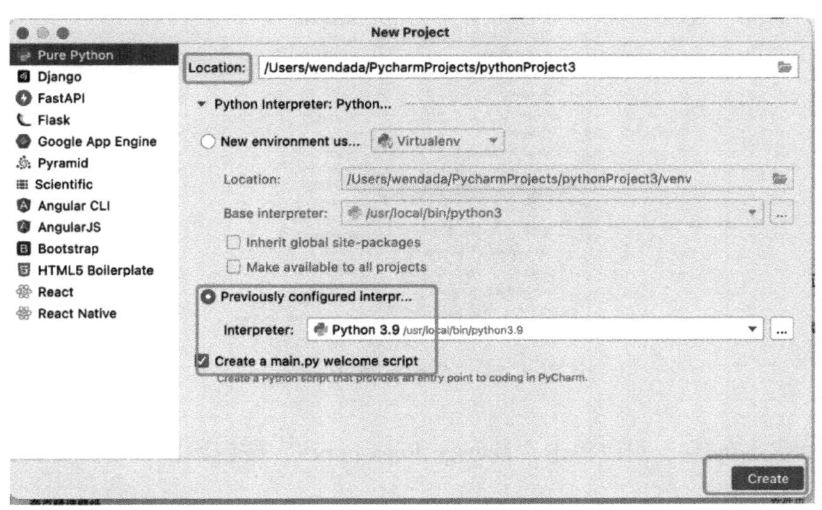

● 图 4-45 创建新项目

2）创建完成后，会有 1 个 main.py 的示例程序。

4. 安装 Pytest 库

安装 Pytest 库的步骤：

1）Pytest 是 Python 的测试框架，拥有丰富的插件系统，并且支持参数化测试及并发测试等特性。

2）确保本地安装了 pip 工具，若本地安装 Python2.x 版本的则对应 pip 工具，若本地安装 python3.x 版本则对应是 pip3 工具，通过命令行执行 pip3 --version 或 pip --version，若返回对应版本表示安装成功。

3）通过 pip3 命令安装 Pytest，执行命令：pip3 install Pytest，将会下载并安装最新的 Pytest 包。

4）或者指定特定版本，执行命令：pip3 install Pytest = = 6.2.5，这会下载 6.2.5 版本的 Pytest 包。

5）或通过 Pycharm 安装，进入 Pycharm 的 Interpreter 页面：Preferences -> Python Interpreter -> + →选择进入 Available Packages 页面，搜索 Pytest 库，如图 4-46 所示。

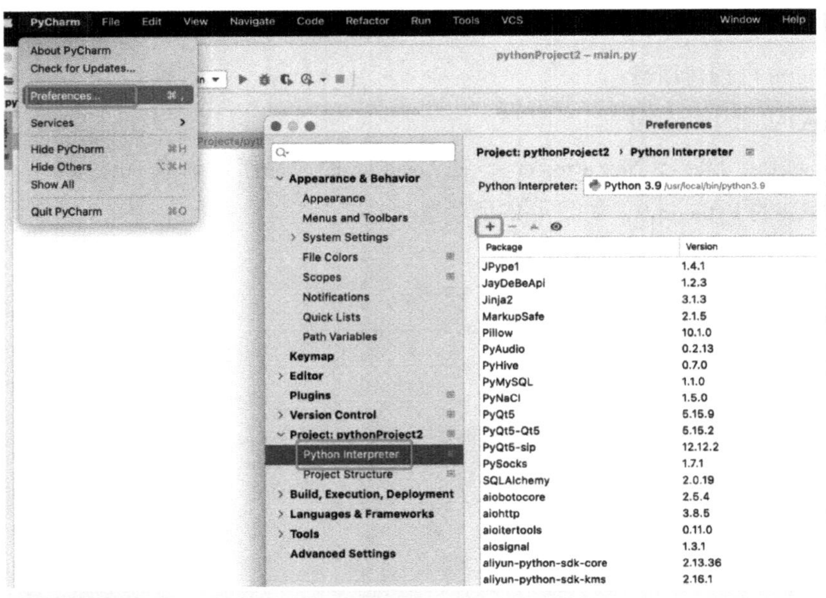

● 图 4-46 在线安装 Packages

6）如未找到对应的包，可以单击“Manage Repositories”按钮添加可用的安装源，如图 4-47 所示。

7）可添加以下安装源：

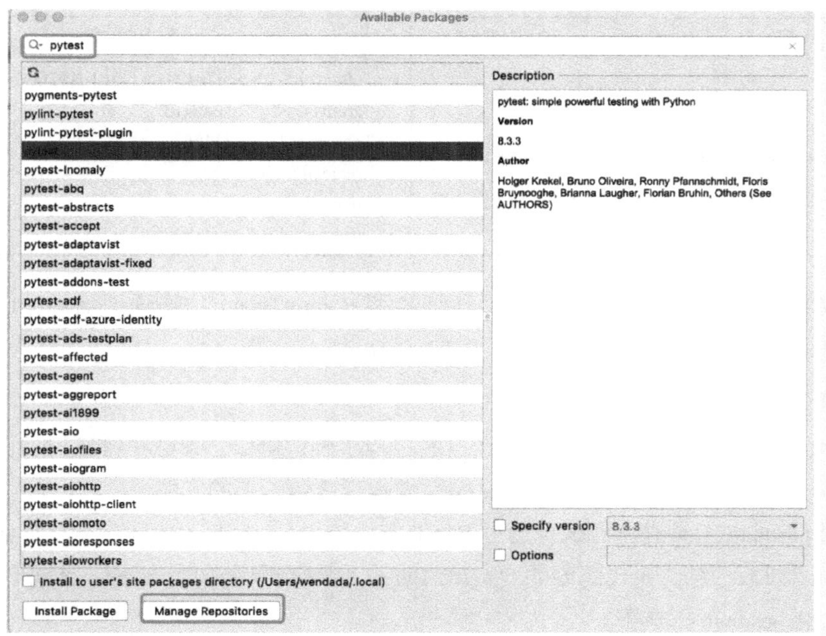

● 图 4-47　添加可用的安装源

① 清华：https://pypi.tuna.tsinghua.edu.cn/simple。

② 华为：https://mirrors.huaweicloud.com/。

③ 腾讯：http://mirrors.cloud.tencent.com/pypi/simple。

④ 网易：http://mirrors.163.com/。

⑤ 搜狐：http://mirrors.sohu.com/。

⑥ 浙大：http://mirrors.zju.edu.cn/。

⑦ 阿里：http://mirrors.aliyun.com/pypi/simple/。

5. 安装 Requests 库

安装 Requests 库的方式：

1）可通过 pip3 进行安装，输入命令：pip3 install requests。

2）也可通过 Pycharm 安装 Requests 库，安装完成后可在 Interpreter 页面看到对应版本。

4.6.2　调试登录接口

1. 获取登录接口相关信息

通过 4.5.1 节的介绍获取到的登录参数如表 4-23 所示。

表 4-23　登录参数

URL	请求方法	请求参数
http://localhost/dev-api/auth/login	POST	"clientId": "e5cd7e4891 bf95d1d19206ce24a7b32e", "grantType": "password", "password": "123456", "rememberMe": true, "tenantId": "00000", "username": "user_100"

其中参数内包含：终端 id（clientId）、认证类型（grantType）、密码（password）、是否记住密码（rememberMe）、租户 id（tenantId）、用户（username）等。

2. 本地通过 API 工具进行调试

本地先通过 API 工具快速调试，这样做目的：为了确定接口、参数拼接正确，以及本地环境与后端服务环境畅通，后面在进行 Pycharm 编写脚本时避免以上的问题。

这里采用 postman 工具进行调试，通过 POST 方法传入：Header/Body 参数，如图 4-48 所示。

以上的调试脚本已经传入代码库的“4.7.2 Pytest 调试登录接口”部分，读者可下载.json 文件后，再导入到 postman 工具下。

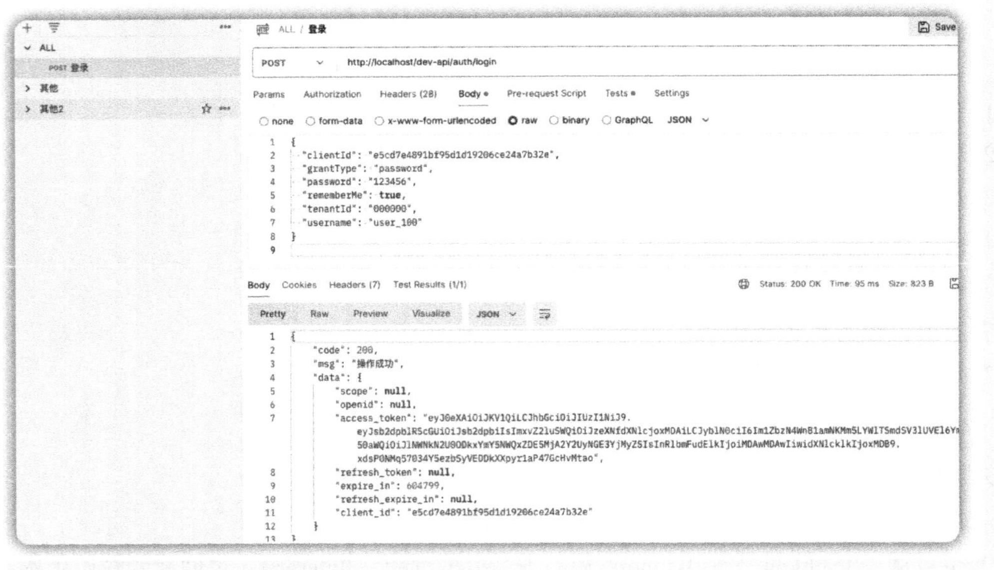

● 图 4-48　postman 本地调试

3. Pycharm 下编写登录接口

根据 Pytest 定义要求，创建 test_login.py 文件，定义 setup_method(self) 方法用于定义初始化。登录 login_url、登录请求头 headers，同时引入所需要的 pytest、requests、json 库，如图 4-49 所示。

```
auto_test_project ~/PycharmProjects/auto_test_pro
  .pytest_cache
  config
  data
    login_data
    product_data
  test
    .pytest_cache
    assets
    pytest.ini
    report.html
    test_login.py
    test_product.py
  utils
  conftest.py
External Libraries
Scratches and Consoles
```

```python
import pytest
import requests
import json

# 打开 JSON 文件并加载数据
with open('/Users/wendada/PycharmProjects/auto_test_project/data/login_data', 'r
    tmp = json.load(file)
    login_data = tmp["login_pass_data"]
    login_fail = tmp["login_fail_data"]
    print(login_data)
    print(login_fail)

class TestLogin():

    @classmethod
    def setup_method(self):
        # 定义登录接口的 URL
        self.login_url = "http://localhost/dev-api/auth/login"

        # 构造登录请求的参数
        self.headers = {
            "Accept": "application/json, text/plain, */*",
            "Accept-Encoding": "gzip, deflate, br, zstd",
            "Accept-Language": "zh-CN,zh;q=0.9",
            "Authorization": "5687a7fb-7973-488b-ae34-8f591f3c9b8f",
            "Cache-Control": "no-cache",
            "Connection": "keep-alive",
            "Content-Type": "application/json; charset=UTF-8",
            "Host": "127.0.0.1",
            "Origin": "http://localhost",
            "Pragma": "no-cache",
            "Referer": "http://localhost",
```

● 图 4-49　初始化

定义测试方法 test_login，拼接请求 body 的参数 data，包含：clientId、grantType、password、rememberMe、tenantId、username，然后调用 requests 库下 post 方法，将请求 login_url、headers、data 放进去，如图 4-50 所示。

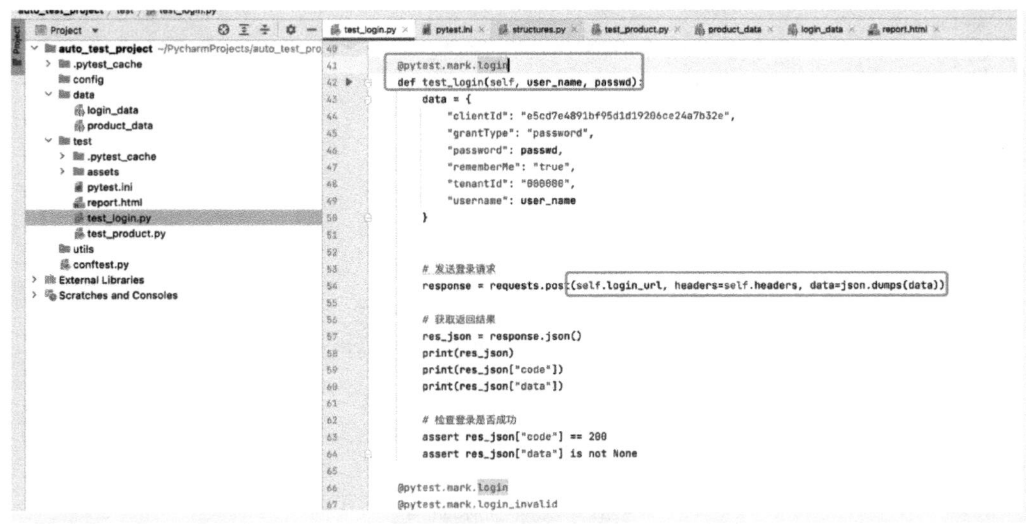

● 图 4-50　构造登录参数

注意这里 data 因为需要 json 类型，所以使用 json.dumps（data）语句转换成 json 格式。将返回的 json 类型通过 json () 方法转换成 Python 的字典，通过打印输出，得知结果包含 code 以及 data 关键字段，如图 4-51 所示。

● 图 4-51　获取结果

4. 断言返回结果

通过 assert 进行断言，只有 code 等于 200 以及 data 有值的情况下表示请求成功，如图 4-52 所示。

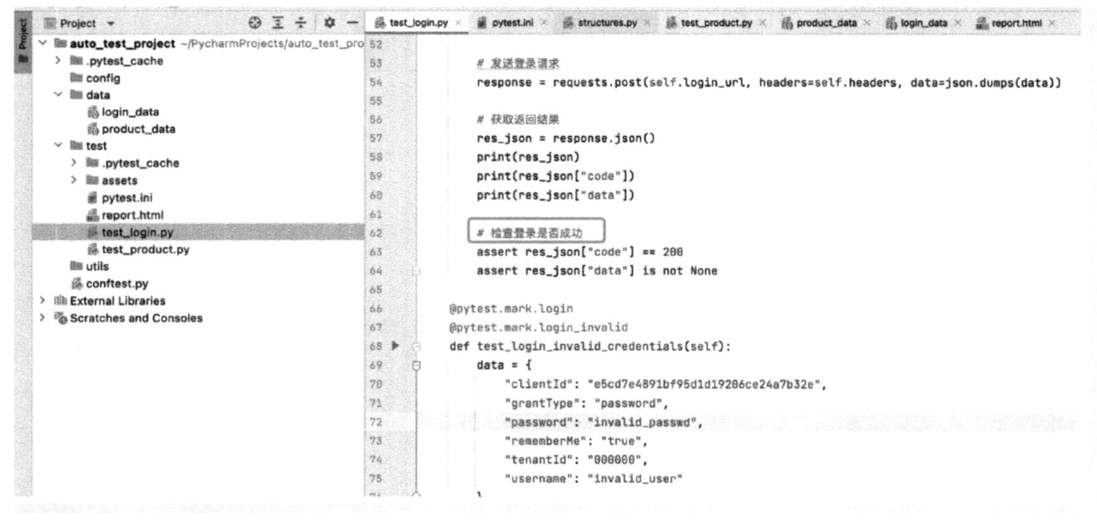

● 图 4-52　登录断言

5. 增加其他测试用例

除了登录成功用例，还应该增加登录失败的用例，返回 code 是 500 且 data 是 None，如图 4-53 所示。

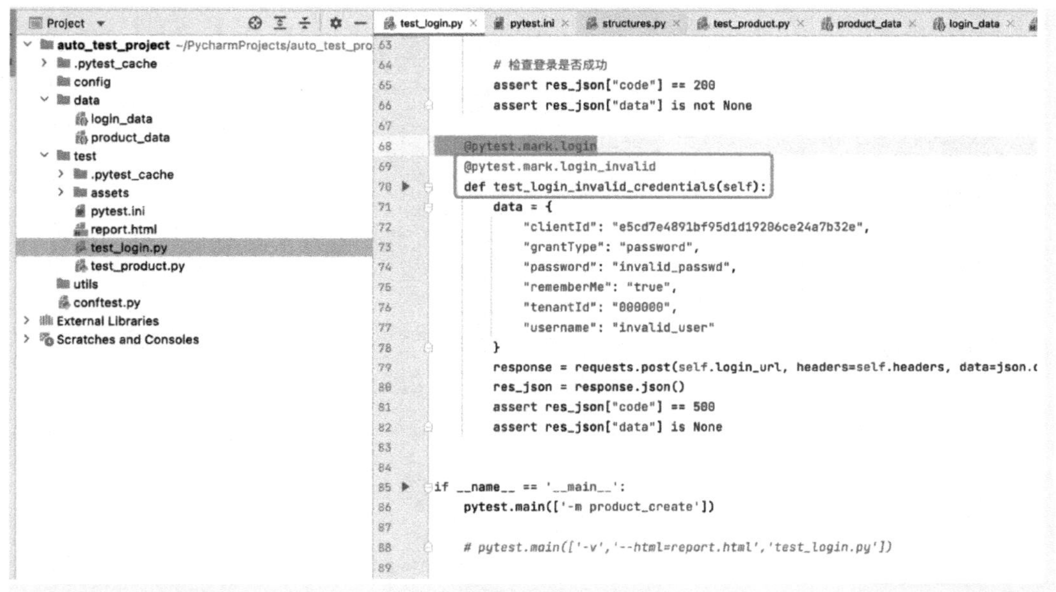

● 图 4-53 登录失败用例

对应的断言与登录成功用例正好相反。

4.6.3 参数化

1. 单个参数 pytest.mark.parametrize( )

1）需要对登录用户名进行参数化，user_name 作为传入参数，同时它也是 test_login 的传入参数，使用@ pytest.mark.parametrize('user_name', ('user_100', 'user_101')) 语句传入 user_name（确保 user_100 及 user_101 在系统被创建），同时在 def test_login（self, user_name）这里接收 user_name，如图 4-54 所示。

2）运行程序后，在底部 Run 结果栏也能看到传入的 user_100 与 user_101，如图 4-55 所示。

2. 多个参数 pytest.mark.parametrize( )

1）实际场景中往往需要对多个参数进行参数化，也可以使用 pytest.mark.parametrize( ) 进行。

2）修改 test_login 方法传入 user_name, passwd 参数，同时给出对应值，通过@ pytest.mark.parametrize('user_name, passwd', [('user_100', 888), ('user_101', 123456)]) 语句传入对应值，且 def test_login(self, user_name, passwd) 接收 user_name 与 passwd，如图 4-56 所示。

● 图 4-54 参数化方式（一）

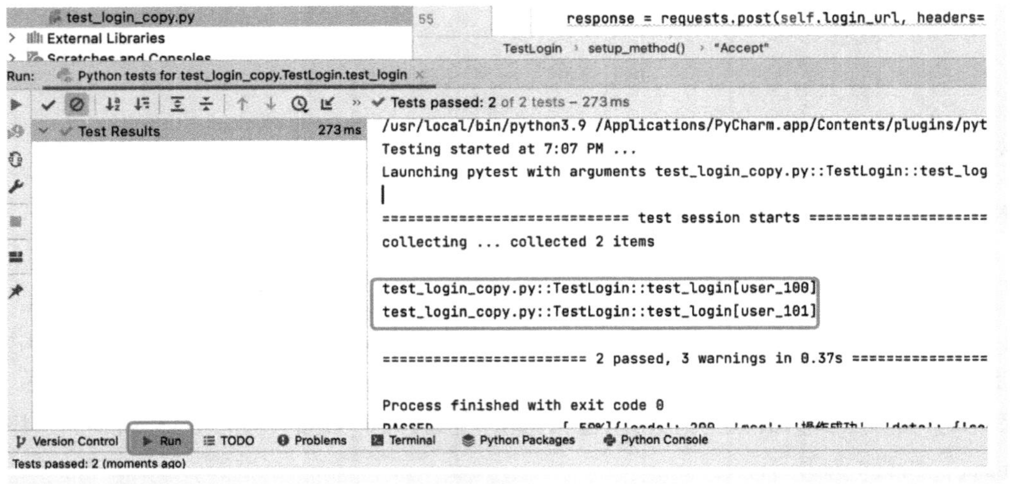

● 图 4-55 参数化方式（二）

3）第一条用例 user_name 与 passwd 是 user_100 与 888，密码 888 长度不足 5，所以会失败，如图 4-57 所示。

4）第二条用例 user_name 与 passwd 是 user_101 与 123456，用户名和密码的长度均满足要求，所以会成功，如图 4-58 所示。

● 图 4-56　参数化方式（三）

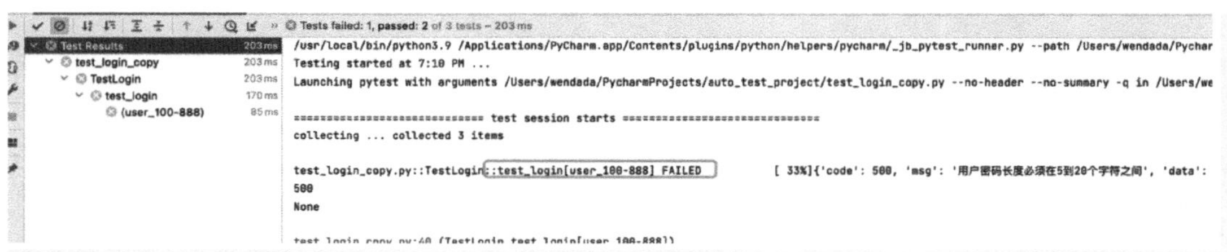

● 图 4-57　查看密码 888 的结果

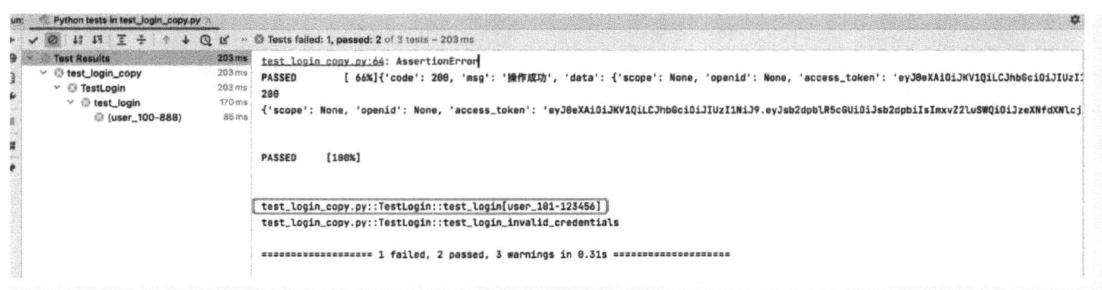

● 图 4-58　查看密码 123456 的结果

4.6.4　生成测试报告

首先通过 Pycharm packages 安装 Pytest-html。然后通过命令行执行：python3.9 -m pytest -v --html=report.html test_login.py，让其生成测试报告 report.html，如图 4-59 所示。

打开 report.html，可以看到图 4-60 所示的测试报告。

```
total 72
drwxr-xr-x   9 wendada  staff    288 Oct 27 18:56 ./
drwxr-xr-x  12 wendada  staff    384 Oct 27 19:10 ../
drwxr-xr-x   6 wendada  staff    192 Apr  4  2024 .pytest_cache/
drwxr-xr-x   7 wendada  staff    224 Oct 28 17:50 __pycache__/
drwxr-xr-x   3 wendada  staff     96 Apr  5  2024 assets/
-rw-r--r--   1 wendada  staff    105 Apr 27  2024 pytest.ini
-rw-r--r--@  1 wendada  staff  26103 Oct 28 17:51 report.html
-rw-r--r--   1 wendada  staff   2958 Oct 27 18:56 test_login.py
-rw-r--r--   1 wendada  staff      0 Apr 27  2024 test_product.py
wendada@wendadadeMacBook-Pro test % python3.9 -m pytest -v --html=report.html test_login.py
```

● 图 4-59 生成测试报告命令

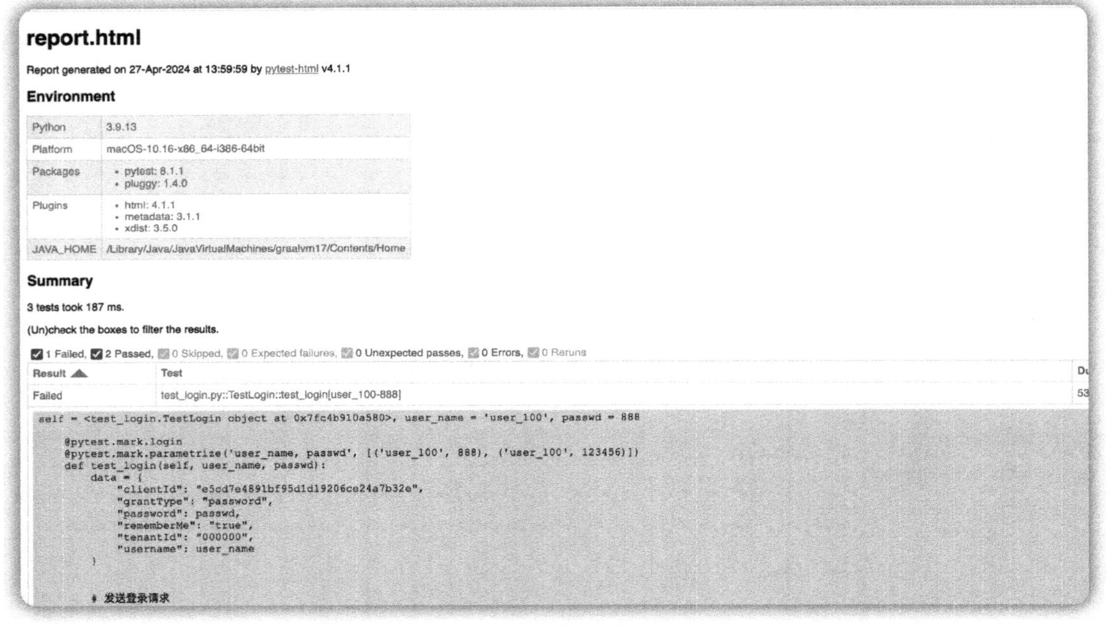

● 图 4-60 查看测试报告

在测试报告中，Environment 为运行环境，在 Summary 下可以看到失败（Failed）、成功（Passed）、跳过（Skipped）等用例的系数。

4.6.5 post 请求参数说明

1. 请求体说明

不同于 get 请求，post 请求提交的数据类型较多，如前文的登录接口 post 是 json 数据类型的，除此之外还包括：浏览器原生表单类型、multipart/form-data 表单数据、text 文本数据、xml 数据，通常根据 request 的 header 头内的 Contenet-Type 来决定请求数据是哪种格式的。

2. 提交 application/x-www-form-urlencoded 类型

提交表单类型数据，然后传给 requests.post()的 data 参数。准备请求数据，代码如下所示。

```
data = {
'username':'john',
'password':'secret'
}
headers = {"Content-type":"application/x-www-form-urlencoded"}
```

发送 post 请求，代码如下所示。

```
response = requests.post('https://example.com/login', headers=headers, data=data)
```

3. 提交 multipart/form-data 类型

提交文件类型数据，读取文件，然后传给 requests.post()的 files 参数。准备请求数据，代码如下所示。

```
files = {'file': open('example.txt', 'rb')}

headers = {"Content-type":"multipart/form-data"}
```

发送 post 请求，代码如下所示。

```
response = requests.post('https://example.com/upload', headers=headers, files=files)
print(response.text)
```

4. 提交 application/json 类型

提交 json 类型数据，然后传给 requests.post()的 json 参数。准备请求数据，代码如下所示。

```
# 准备 json 数据
# 准备 json 数据
data = {
    'name':'John',
    'age': 30
}

headers = {"Content-type":"application/json"}
```

发送 post 请求，代码如下所示。

```
response = requests.post('https://example.com/api, headers=headers, json=json_data)
print(response.text)
```

5. 提交 text/xml 类型

提交 text 或 html 数据，读取文件，然后传给 requests.post()的 data 参数。准备 xml 数据，代

码如下所示。

```
xml_data = """
<root>
    <username>john</username>
    <password>secret</password>
</root>
"""
headers = {"Content-type":"text/xml"}
```

发送 post 请求，代码如下所示。

```
response = requests.post('https://example.com/api', headers=headers, data=xml_data)
print(response.text)
```

4.6.6 接口测试项目化

1. 目录结构设计

前面通过结合 Pytest 对登录接口进行自动化设计，此示例较为简单，然而真实的自动化测试场景中的用例则更为复杂，也需要一些工具或编写脚本来完成特定功能（如 request 底层请求封装让调用变得简单）。

同时为了更好地管理用例，需要将测试数据与业务代码进行抽离，当某些用例因为环境或 BUG 无法调试时，需对用例进行打标以确保跳过某些用例；当在不同环境中运行用例时还需要将环境配置抽离出来。以上这些都是需站在项目的整体角度考虑的问题，因此对自动化的目录结构进行精心设计，以便于更好地管理代码。

以下为一个较为通用的代码目录结构。

```
$tree

├── config (配置文件)
├── data (测试数据)
├── tests(测试用例)
└── utils(工具类方法)
```

2. 数据与脚本分离

如果测试数据与测试用例放到同一个文件内，这样会导致调用数据或运行代码时相互影响，同时也不便于维护，所以会将测试数据与用例进行分离，/data 目录用于存放测试数据，数据类型可以是 json，也可以是 yaml。

以登录测试数据为例，通过将测试数据存储到 json 文件内，然后在执行用例前通过文件读取方式获取测试数据，如图 4-61 所示。

在 test_login.py 文件内读取 json 文件，如图 4-62 所示。

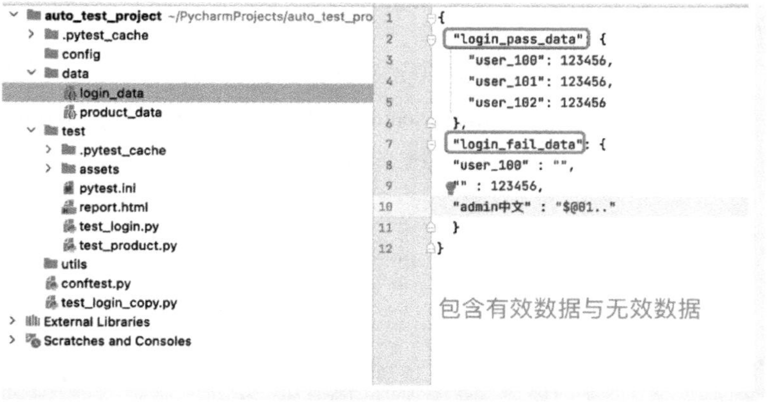

```
auto_test_project ~/PycharmProjects/auto_test_pro
  .pytest_cache
  config
  data
    login_data
    product_data
  test
    .pytest_cache
    assets
    pytest.ini
    report.html
    test_login.py
    test_product.py
  utils
  conftest.py
  test_login_copy.py
External Libraries
Scratches and Consoles
```

```
{
  "login_pass_data": {
    "user_100": 123456,
    "user_101": 123456,
    "user_102": 123456
  },
  "login_fail_data": {
    "user_100" : "",
    "" : 123456,
    "admin中文" : "$@01.."
  }
}
```

包含有效数据与无效数据

● 图 4-61　以 json 类型存储数据

```
import requests
import json

# 打开JSON文件并加载数据
with open('/Users/wendada/PycharmProjects/auto_test_project/data/login_data', 'r') as file:
    tmp = json.load(file)
    login_data = tmp["login_pass_data"]
    login_fail = tmp["login_fail_data"]
    print(login_data)
    print(login_fail)

class TestLogin():

    @classmethod
    def setup_method(self):
        # 定义登录接口的 URL
        self.login_url = "http://localhost/dev-api/auth/login"
```

● 图 4-62　读取 json 文件

3. 参数化

通过@pytest.mark.parametrize（"user_name，passwd"，[（user_name，passwd）for user_name，passwd in login_data.items()]）语句进行读取并传入值，如图 4-63 所示。

```
        "User-Agent": "Mozilla/5.0 (Macintosh; Intel Mac OS X 10_15_7) AppleWebKit/537.36 (KHTML, like Gecko) Chro…
    }

@pytest.mark.login
@pytest.mark.parametrize("user_name, passwd", [(user_name, passwd) for user_name, passwd in login_data.items()])
def test_login(self, user_name, passwd):
    data = {
        "clientId": "e5cd7e4891bf95d1d19206ce24a7b32e",
        "grantType": "password",
        "password": passwd,
        "rememberMe": "true",
        "tenantId": "000000",
        "username": user_name
    }

    # 发送登录请求
    response = requests.post(self.login_url, headers=self.headers, data=json.dumps(data))
```

● 图 4-63　参数化测试数据

4. 标记与分组

通过标记（打标签）用例，来决定运行哪些自动化用例，例如：只想运行登录里面的有效测试数据用例，可以给用例打个@pytest.mark.login_valid 标签，再运行 login_valid 标签用例。

首先在 test_login 方法上打标签：@pytest.mark.login 和@pytest.mark.login_valid，如图 4-64 所示。

```
        "User-Agent": "Mozilla/5.0 (Macintosh; Intel Mac OS X 10_15_7) AppleWebKit/537.
    }

@pytest.mark.login
@pytest.mark.login_valid
@pytest.mark.parametrize("user_name, passwd", [(user_name, passwd) for user_name, passw
def test_login(self, user_name, passwd):
    data = {
        "clientId": "e5cd7e4891bf95d1d19206ce24a7b32e",
        "grantType": "password",
        "password": passwd,
        "rememberMe": "true",
        "tenantId": "000000",
        "username": user_name
    }
```

● 图 4-64　给用例打上 login 及 login_valid 标签

然后在@pytest.mark.login_valid 方法上打标签：@pytest.mark.login 和@pytest.mark.login_invalid，如图 4-65 所示。

● 图 4-65　给用例打上 login 及 login_invalid 标签

同时再创建 pytest.ini 文件，在里面定义 login、login_valid、login_invalid 标签并且备注“登录用例”“有效数据”“无效数据”，如图 4-66 所示。

运行有效数据用例命令：python3.9 -m pytest -m login_valid，可以看到有 3 条用例通过，如

图 4-67 所示。

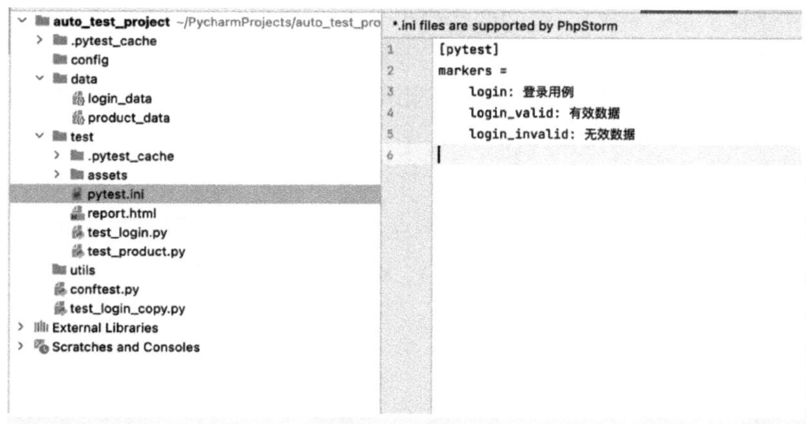

● 图 4-66　备注标签

```
wendada@wendadadeMacBook-Pro test % python3.9 -m pytest -m login_valid
============================================================================ test session starts =====================
platform darwin -- Python 3.9.13, pytest-8.1.1, pluggy-1.4.0
rootdir: /Users/wendada/PycharmProjects/auto_test_project/test
configfile: pytest.ini
plugins: html-4.1.1, metadata-3.1.1, xdist-3.5.0
collected 4 items / 1 deselected / 3 selected

test_login.py ...

====================================================================== 3 passed, 1 deselected in 0.49s ==============
wendada@wendadadeMacBook-Pro test %
```

● 图 4-67　运行有效用例

运行标记成 login_invalid 标签用例，执行命令：python3.9 -m pytest -m login_invalid，可以看到“1 passed，3 deselected in 0. 18s”的提示，如图 4-68 所示。

```
wendada@wendadadeMacBook-Pro test % python3.9 -m pytest -m login_invalid
============================================================================ test session starts ======================
platform darwin -- Python 3.9.13, pytest-8.1.1, pluggy-1.4.0
rootdir: /Users/wendada/PycharmProjects/auto_test_project/test
configfile: pytest.ini
plugins: html-4.1.1, metadata-3.1.1, xdist-3.5.0
collected 4 items / 3 deselected / 1 selected

test_login.py .

====================================================================== 1 passed, 3 deselected in 0.18s ================
```

● 图 4-68　运行无效用例

5. 测试配置管理

在自动化测试工程中，配置管理（Configuration Management）是确保测试环境、测试数据、测试工具和测试脚本一致性和可重复性的关键。通过配置管理，可以有效地管理测试环境的变化，减少测试失败的可能性，提高测试效率和测试质量。以下是如何进行配置管理的几个关键步骤。

（1）使用配置文件

将所有的配置信息（如数据库链接、API 端点、浏览器类型、测试数据路径等）存储在独立的配置文件中。这些配置文件可以是 yaml、json、xml 或 properties 文件。

示例（config.yaml）：

```
database:
    host: localhost
    port: 5432
    username: testuser
    password: testpassword
api:
    base_url: https://api.example.com
browser:
    type: chrome
test_data_path: ./data/testdata.csv
```

（2）环境变量

使用环境变量来管理和覆盖配置文件中的某些参数，特别是在不同的环境中（如开发、测试、生产等）运行测试时。可以通过脚本或 CI/CD 工具来设置环境变量。

示例（bash 脚本设置环境变量）：

```
export DATABASE_HOST=localhost
export DATABASE_PORT=5432
export DATABASE_USERNAME=testuser
export DATABASE_PASSWORD=testpassword
export API_BASE_URL=https://api.example.com
export BROWSER_TYPE=chrome
export TEST_DATA_PATH=./data/testdata.csv
```

（3）配置管理工具

使用配置管理工具（如 Ansible、Chef、Puppet 等）来管理测试环境的配置。这些工具可以自动管理配置文件的部署和更新，确保所有测试环境的一致性。

示例（Ansible playbook）：

```
- hosts: all
  tasks:
    - name: Ensure database is configured
```

```
      template:
        src: templates/database.conf.j2
        dest: /etc/myapp/database.conf
    - name: Ensure application is configured
      template:
        src: templates/app.conf.j2
        dest: /etc/myapp/app.conf
```

通过以上方法，可以实现自动化测试工程的配置管理，确保测试环境、测试数据、测试工具和测试脚本的一致性和可重复性，从而提高测试的效率和质量。

6. 并发执行

后期把用户登录、用户创建、用户授权全部集成到自动化场景中，用例就会变得非常多，如果按照之前的串行方式执行用例，速度会非常慢。下面使用 pytest-xdist 插件来提高运行效率，步骤如下。

1）安装 pytest-xdist 插件，在 Available Packages 下能找到。

2）在命令行并发执行：pytest -n 4 --dist=loadscope，其中“-n 4”表示 4 个进程数，“--dist=TYPE”表示分布式方式，这里取值为 loadscope，可选值还包括 loadfile、no 和 each，如图 4-69 所示。

```
wendada@wendadadeMacBook-Pro test % python3.9 -m pytest -n 4 --dist=loadscope
============================================================================ test session starts ============================================================================
platform darwin -- Python 3.9.13, pytest-8.1.1, pluggy-1.4.0
rootdir: /Users/wendada/PycharmProjects/auto_test_project/test
configfile: pytest.ini
plugins: html-4.1.1, metadata-3.1.1, xdist-3.5.0
4 workers [4 items]
....
============================================================================= 4 passed in 0.99s =============================================================================
```

● 图 4-69　并发执行用例

注：使用并发执行时，不同测试用例之间不要有测试数据的干扰，避免出现失败的情况。

4.6.7　代码获取地址

以上代码存放在 git clone git@gitee.com:welsh-wen/test-tech-logic-guide.git 的“4.7 基于 Pytest 进行接口自动化测试实战”子文件中。

4.7　基于 selenium 进行 UI 自动化测试实战

4.7.1　本地环境准备

1. 安装 selenium 库

通过 Pycharm 的 Packages 安装 selenium 库，笔者这里安装的是 selenium4.20.0 版本，如图 4-70 所示。

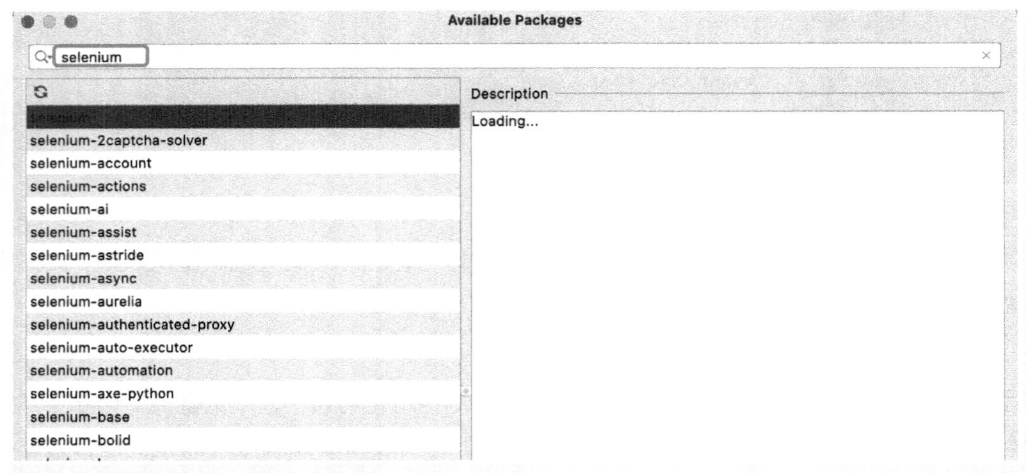

● 图 4-70　安装 selenium 库

2. 安装 Chrome 浏览器

访问官网 https://www.google.com/intl/zh-CN/chrome/，选择与自己操作系统相匹配的版本进行下载安装。

安装后查看浏览器对应版本：设置 -> 帮助 -> 关于 Google Chrome，如图 4-71 所示。

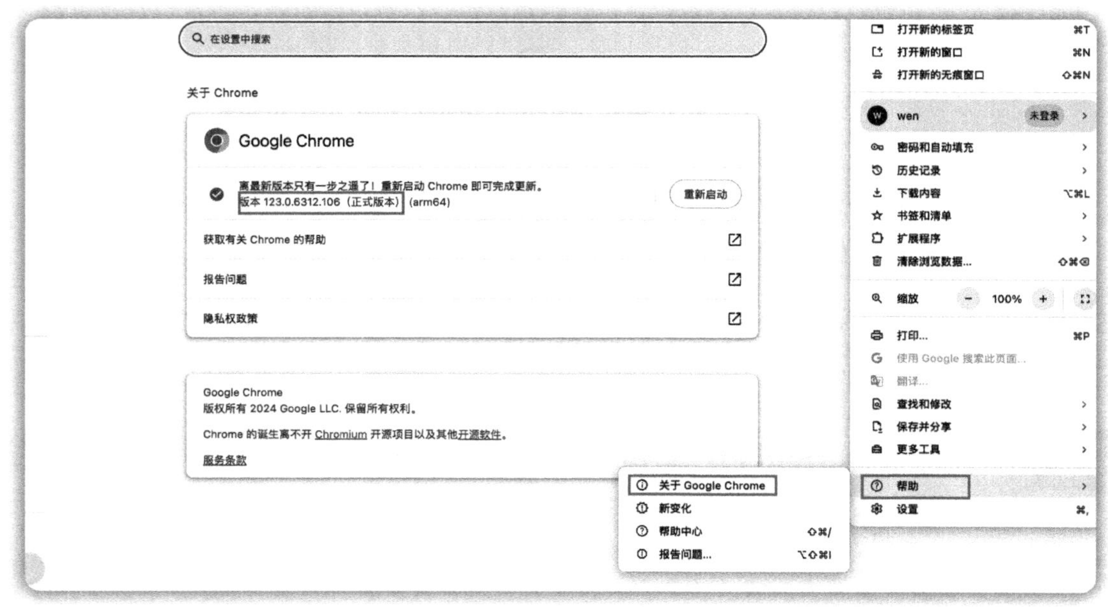

● 图 4-71　查看浏览器对应版本

3. 下载对应的 Chrome driver

访问地址 https://googlechromelabs.github.io/chrome-for-testing/，下载对应的 driver。

下载 driver 后，需要将 driver 存放到对应的路径下。macOS 系统下需要将 driver 存放到 /usr/local/bin/下，并且通过命令 xattr -d com.apple.quarantine 设置 driver 程序为可信任。

```
sudo xattr -d com.apple.quarantine/usr/local/bin/chromedriver
```

Windows 系统下需要将 driver 存放到 chrome 安装目录下，如.../Chrome/Application 下。同时需要将 Application 环境变量添加到系统变量中去（参考 3.6.3 节中有关 GraalVM 安装方面的内容），如图 4-72 所示。

● 图 4-72　设置 Application 环境变量

特别说明：以下章节示例是基于 selenium4 版本的语法进行展示的。

4.7.2 调试登录

1. 确定登录前与登录后的关键元素

1）登录前确定页面关键元素。登录脚本编写前，应该确定哪些元素是关键的，确保浏览器完全加载完成后再进行请求，这样能提高脚本执行成功的概率。

2）在登录页面单击鼠标右键，在弹出的菜单中选择“检查”命令，找到账号元素，代码为：<input class="el-input__inner" auto-complete="off" type="text" autocomplete="off" tabindex="0" placeholder="账号" id="el-id-888-8">，如图 4-73 所示。

3）找到密码所在元素，代码为：<input class="el-input__inner" auto-complete="off" type="password" autocomplete="off" tabindex="0" placeholder="密码" id="el-id-888-9">，如图 4-74 所示。

● 图 4-73　找到账号元素位置

● 图 4-74　找到密码元素位置

4）登录成功后，进入“首页”找到关键文案“RuoYi-Cloud-Plus 多租户微服务管理系统”，后续脚本断言需要以该文案作为断言依据。

2. 编写脚本

创建 selenium_test 项目，在 main.py 下编写脚本，共分以下几个步骤。

1）通过 webdriver.Chrome 的 service 以及 options 的选项指定对应的 driver 以及 Chrome 浏览器所在路径，如图 4-75 所示。也可以通过系统自行加载 webdriver.Chrome，但此方法容易出现浏览器与驱动不兼容的情况。

```
selenium_test ~/PycharmProjects/seleni
  .pytest_cache
  assets
  report.html
  test_case.py
External Libraries
Scratches and Consoles
```

```python
import pytest
from selenium import webdriver
from selenium.webdriver.common.by import By
from selenium.webdriver.support.ui import WebDriverWait
from selenium.webdriver.support import expected_conditions as EC
from selenium.webdriver.chrome.service import Service
from selenium.webdriver.chrome.options import Options
from selenium.webdriver.common.keys import Keys


from selenium import webdriver

@pytest.mark.parametrize("user_name, passwd", [
    ("user_100", "123456"),
    ("user_101", "123"),
])


def test_login(user_name, passwd):
    # 方式1，加载具体driver路径以及浏览器路径
    chrome_driver_path = "/Users/wendada/Downloads/chromedriver-mac-arm64/chromedriver"
    chrome_path = "/Users/wendada/Downloads/chrome-mac-arm64/Google Chrome for Testing.app/Contents/Mac
    options = Options()
    options.binary_location = chrome_path
    service = Service(chrome_driver_path)
    driver = webdriver.Chrome(service=service, options=options)

    # 方式2，系统自己加载
    # driver = webdriver.Chrome()
```

● 图 4-75　加载驱动

2）请求网页并显式加载查找“登录”按钮，找到后同时运用显式等待模式，等待 10s 看“登录”按钮是否出现，如图 4-76 所示。

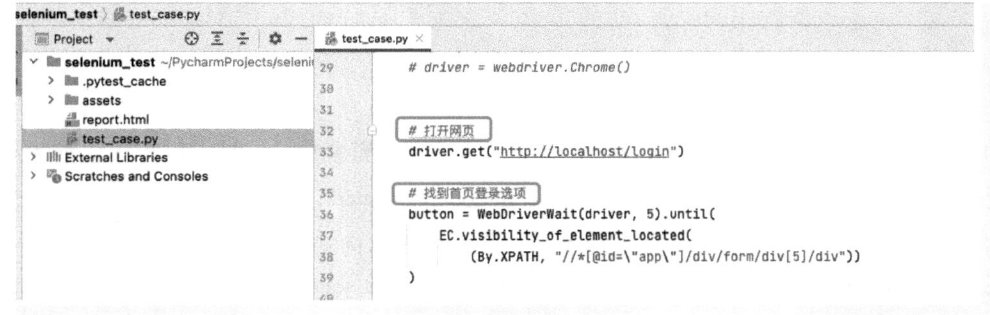

● 图 4-76　显式等待

3）通过 CSS 选择器定位到账号及密码，并清空密码，输入正确的账户与密码，如图 4-77 所示。

● 图 4-77　清空密码

4）通过调用 button.click()方法模拟用户登录，然后显式等待首页元素出现，再通过 logged_in_user_element.text 获取值，判断值是否等于“RuoYi-Cloud-Plus 多租户微服务管理系统”，请求成功后，页面下端会出现“首页加载成功”的提示，如图 4-78 所示。

```
password_input.send_keys(passwd)

button.click()

try:
    logged_in_user_element = WebDriverWait(driver, 5).until(
        EC.visibility_of_element_located((By.XPATH, "//*[@id=\"app\"]/div/div[2]/section/div/div[1]/div[2]/h2"))
    )
    print()
    if logged_in_user_element.text == "RuoYi-Cloud-Plus多租户微服务管理系统":
        print("首页加载成功")
    else:
        print("首页加载失败")
    assert True
except:
    print("登录失败或超时！")
    assert False
# 关闭浏览器
driver.quit()


if __name__ == '__main__':
```

● 图 4-78　登录后断言

4.7.3　参数化

selenium 结合 Pytest 可以进行参数化处理，如对登录页面参数化。稍微修改下之前的登录脚本，变成新的脚本 test_case.py，在脚本最上面通过@pytest.mark.parametrize 定义参数值，并且在 test_login 方法处会拥有与上面相同的参数名称：user_name，passwd，如图 4-79 所示。

在 username_input.send_keys(user-name)及 password_input.send_keys(passwd)处输入 user_name 与 passwd 值，如图 4-80 所示。

```
from selenium.webdriver.chrome.options import Options
from selenium.webdriver.common.keys import Keys


from selenium import webdriver

@pytest.mark.parametrize("user_name, passwd", [
    ("user_101", "123"),
])


def test_login(user_name, passwd):
    # 方式1，加载具体driver路径以及浏览器路径
    chrome_driver_path = "/Users/wendada/Downloads/chromedriver-mac-arm64/chromedriver"
    chrome_path = "/Users/wendada/Downloads/chrome-mac-arm64/Google Chrome for Testing.app/Contents/MacOS/Google Chrome fo
    options = Options()
    options.binary_location = chrome_path
    service = Service(chrome_driver_path)
    driver = webdriver.Chrome(service=service, options=options)

    # 方式2，系统自己加载
    # driver = webdriver.Chrome()
```

● 图 4-79　登录页面参数化

```
# 使用 CSS 选择器定位用户名输入框并输入用户名
username_input = driver.find_element(By.CSS_SELECTOR, ".el-input__inner[placeholder='账号']")
username_input.clear()
username_input.send_keys(user_name)

# 使用 CSS 选择器定位密码输入框并输入密码
password_input = driver.find_element(By.CSS_SELECTOR, ".el-input__inner[placeholder='密码']")
password_input.clear()
password_input.send_keys(passwd)

button.click()
```

● 图 4-80　输入用户名与密码

最后断言，登录成功且成功匹配到文本“RuoYi_Cloud_Plus 多租户微服务管理系统”，则让程序返回 True，其他情况返回 False，如图 4-81 所示。

```
try:
    logged_in_user_element = WebDriverWait(driver, 5).until(
        EC.visibility_of_element_located((By.XPATH, "//*[@id=\"app\"]/div/div[2
    )
    print()
    if logged_in_user_element.text == "RuoYi-Cloud-Plus多租户微服务管理系统":
        print("首页加载成功")
    else:
        print("首页加载失败")
    assert True
except:
    print("登录失败或超时！")
    assert False
# 关闭浏览器
driver.quit()
```

● 图 4-81　断言

开始运行程序，程序会根据传入的参数执行 1 次。

因为测试数据有 1 个是错误密码，所以最终结果会有 1 个 failed，如图 4-82 所示。

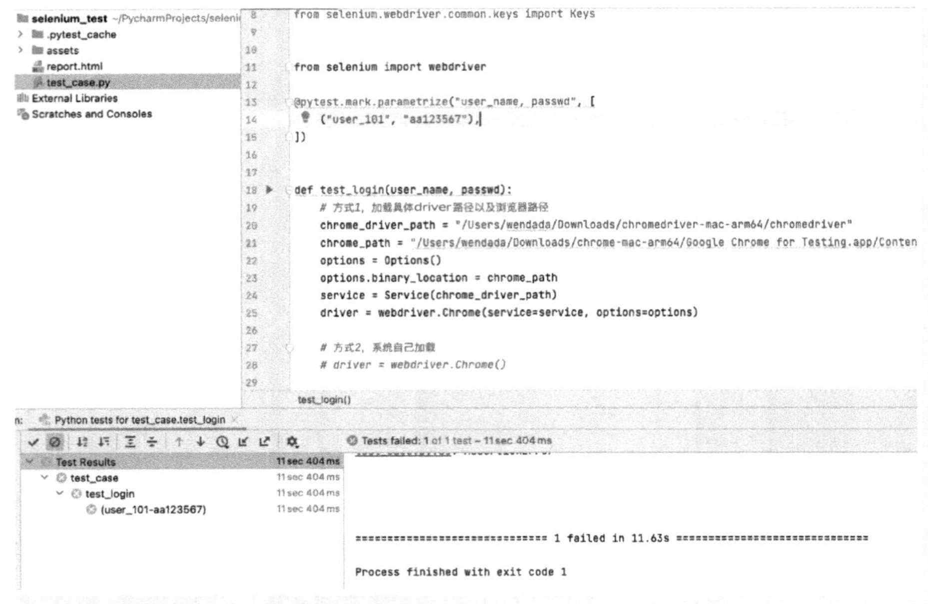

● 图 4-82　查看结果

4.7.4　生成测试报告

同理结合 Pytest 对应命令：python3.9 -m pytest -v --html=report.html，可生成对应的测试报告，如图 4-83 所示。

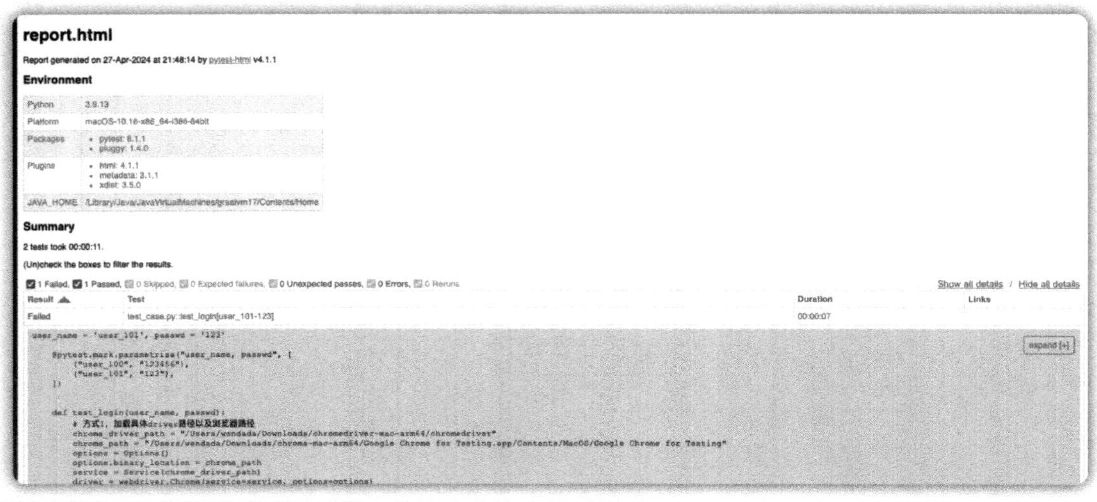

● 图 4-83　生成测试报告

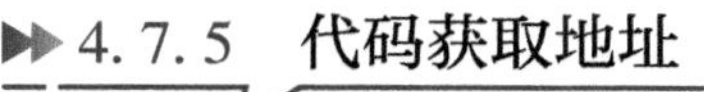

4.7.5 代码获取地址

以上代码存放在 git clone git@gitee.com:welsh-wen/test-tech-logic-guide.git 的“4.8 基于 selenium 进行 UI 自动化测试实战”子文件中。

4.8 基于 JUnit 进行单元测试实战

4.8.1 本地环境准备

1. 安装 JDK、Maven、IDE

确保本地安装了 JDK、Maven 以及 IDE 等环境，具体参考 3.6.2 节和 3.6.3 节。

2. 加载 JUnit5

在 IDEA 下创建项目：File -> Project -> Maven -> Next -> Auto_test_for_Junit5 -> Finish。新建项目后，在 pom.xml 下添加对应的 repositories 以及 dependencies，如图 4-84 所示。

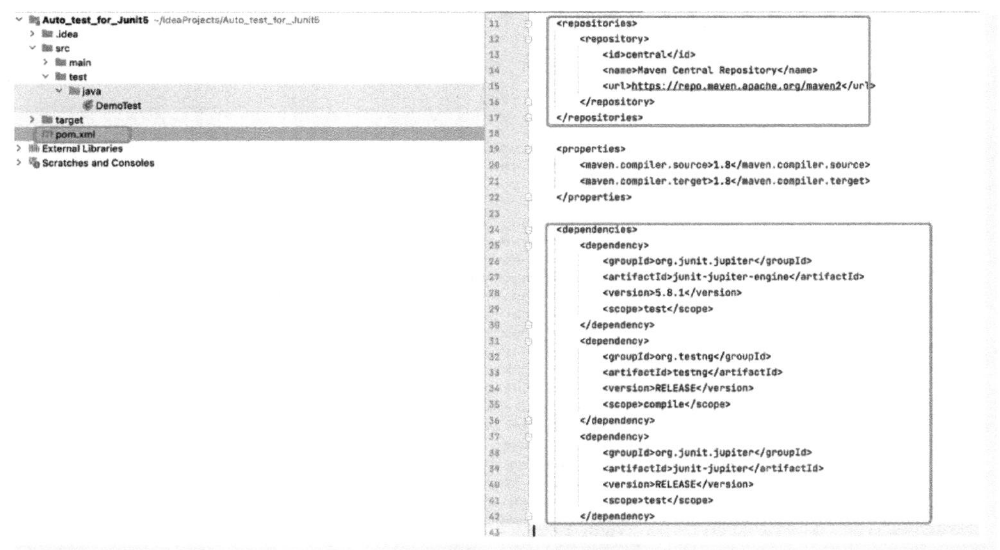

● 图 4-84 加载 repositories 和 dependencies

重新加载 pom.xml 文件，选择 pom.xml -> Maven -> Reload project，如图 4-85 所示。

加载后在 External Libraries 下面会出现 JUnit 5.8.1 的相关 lib 包，如图 4-86 所示。

3. 运行 DemoTest 示例

在 main/java 文件夹下定义 add 方法，如图 4-87 所示。

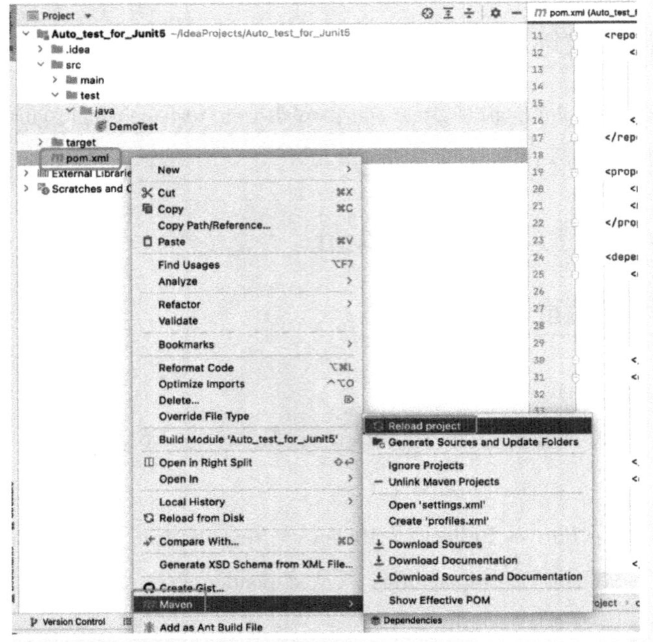

● 图 4-85　重新加载 pom.xml 文件

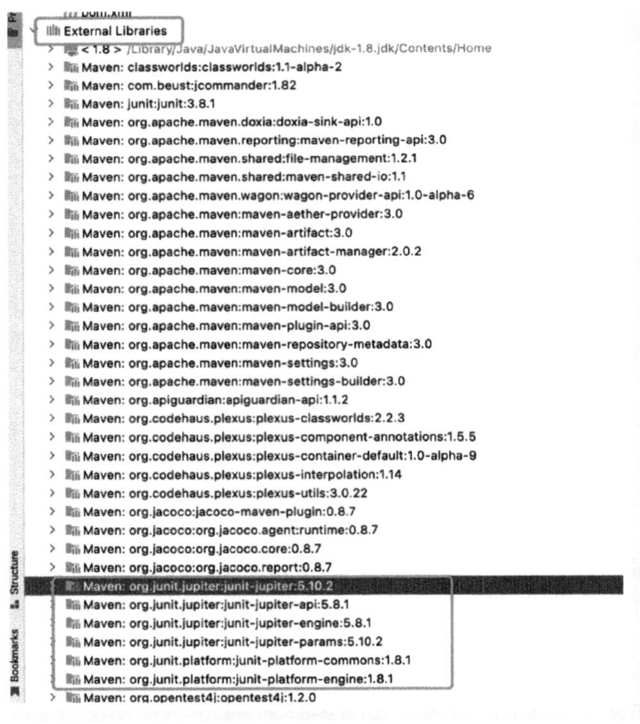

● 图 4-86　检查 lib 包

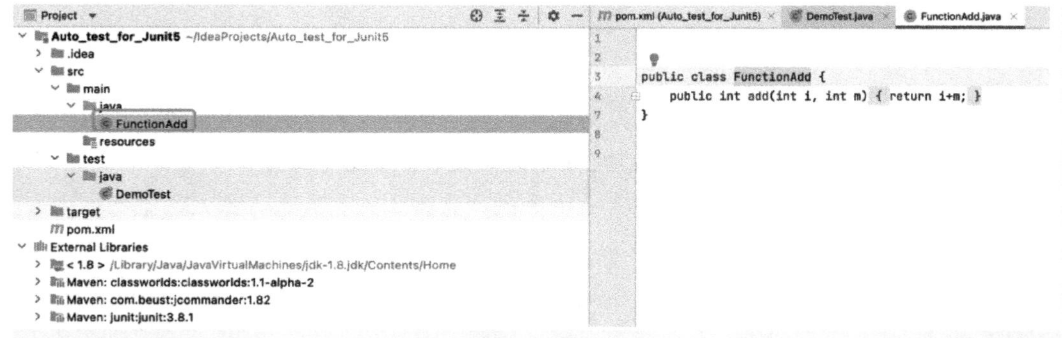

● 图 4-87　定义 add 方法

在 test/java 文件下新增 DemoTest Class 文件，步骤：右键单击 java 文件，在弹出的菜单选择 New -> Java Class，如图 4-88 所示。

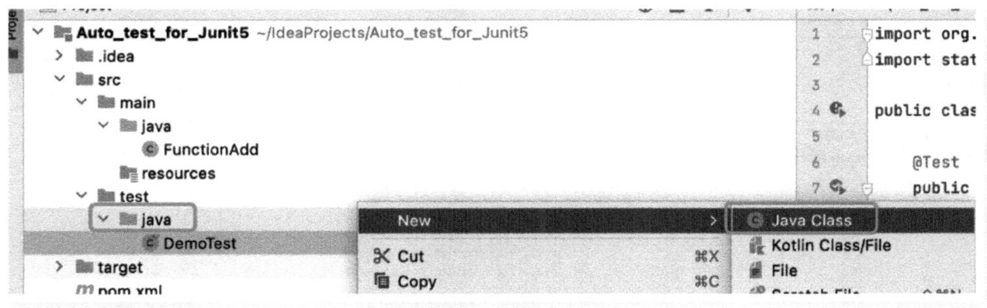

● 图 4-88　新增 DemoTest Class 文件

将示例代码复制进去，定义的 2 个方法：1 个将会执行成功，1 个将会执行失败。

```
import org.junit.jupiter.api.Test;
import static org.junit.jupiter.api.Assertions.assertEquals;
public class DemoTest {
@Test
public void testAddition_Success() {
    FunctionAdd demoTest= new FunctionAdd();
    System.out.print("Running testAddition_Success...");
    int result = demoTest.add(2, 3);
    assertEquals(5, result);
}
@Test
public void testAddition_Failure() {
    FunctionAdd demoTest= new FunctionAdd();
    System.out.print("Running testAddition_Failure...");
```

```
        int result = demoTest.add(2, 3);
        assertEquals(4, result);
    }
}
```

运行代码后，结果显示：1 个运行成功、1 个运行失败，如图 4-89 所示。

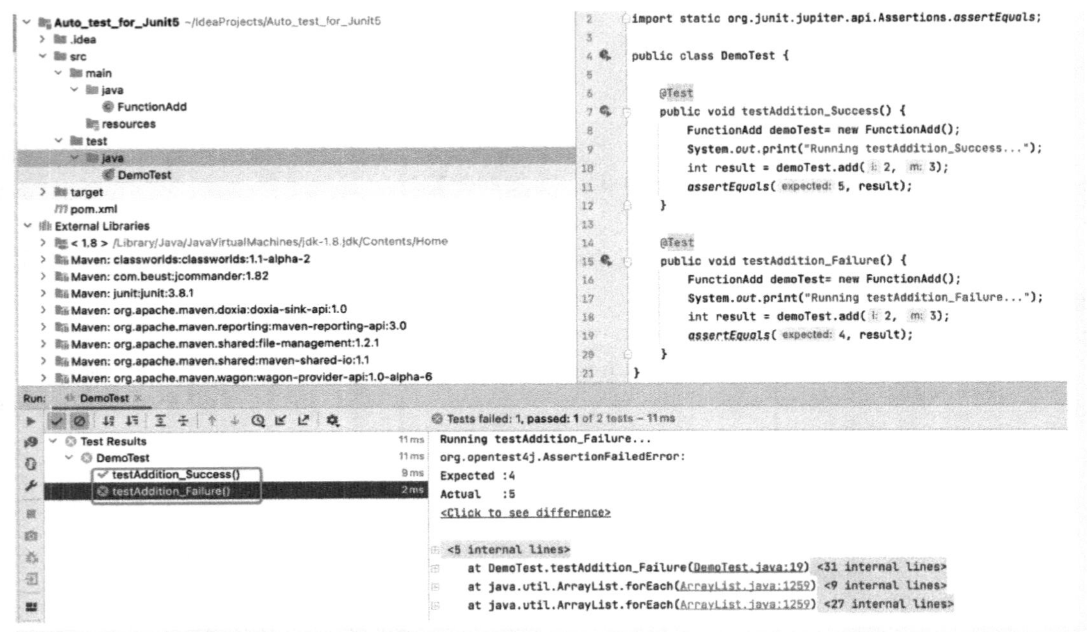

● 图 4-89 查看结果

4. 版本配置

配置信息如下：

```
Jdk: jdk18+
Maven: 3.9.6
IntelliJ IDEA: 2021.3.3 Runtime version: 11.0.14.1+1-b1751.46
JUnit:5.8.1
```

4.8.2 单元测试覆盖率

1. JaCoCo 安装

安装 JaCoCo 步骤如下。

1）找到根目录的 Pom 文件，指定 JaCoCo 的 dependency（注意要放在 dependencies 里面）以及 plugin 配置如下，如图 4-90 所示。

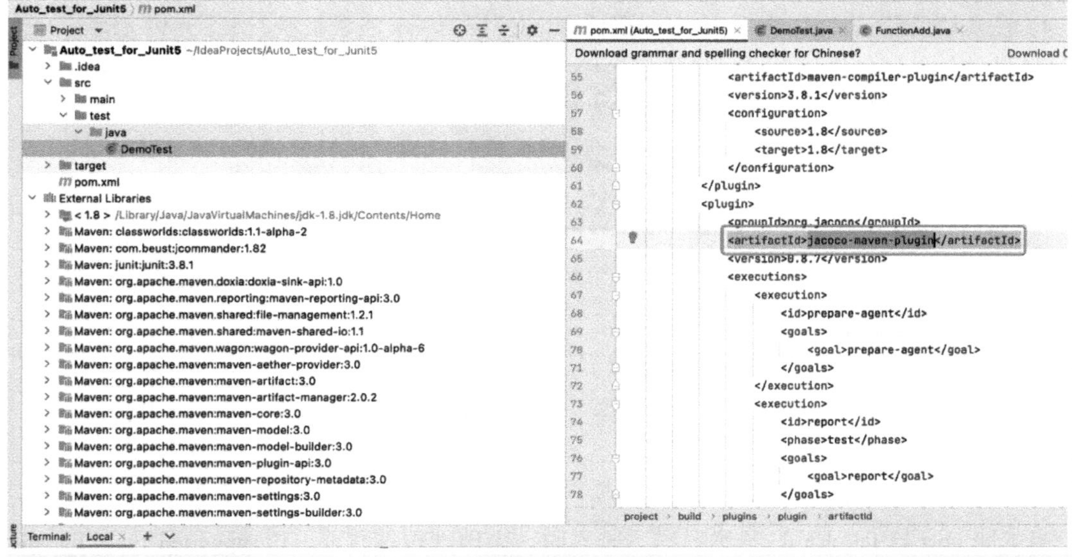

● 图 4-90　pom 下配置 JaCoCo 插件

2）重新加载 pom 文件，右击 pom 文件，从弹出的菜单选择 Maven - Reload project。

3）确认在 External Libraries 下能找到 jacoco lib 0.8.7 包，如图 4-91 所示。

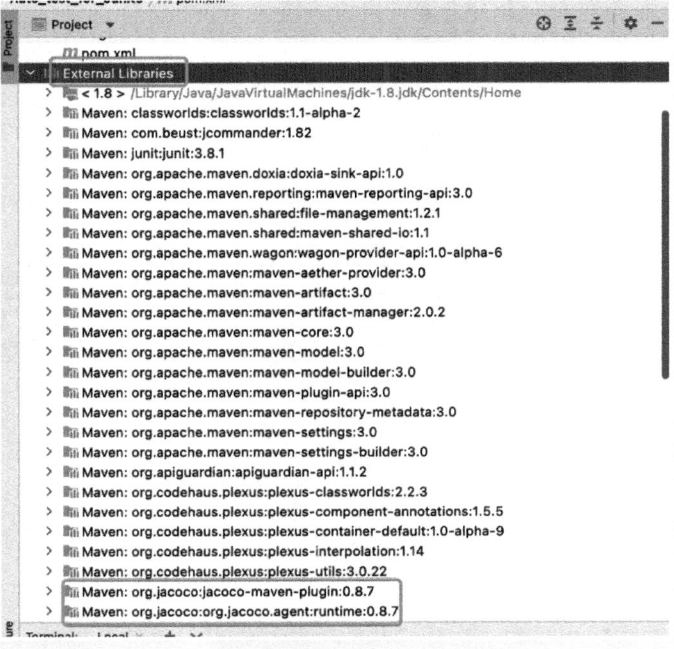

● 图 4-91　加载 JaCoCo 的 lib 包

4）在本地运行 mvn clean test 命令，确认 JaCoCo 与 Maven 能否兼容，如图 4-92 所示。

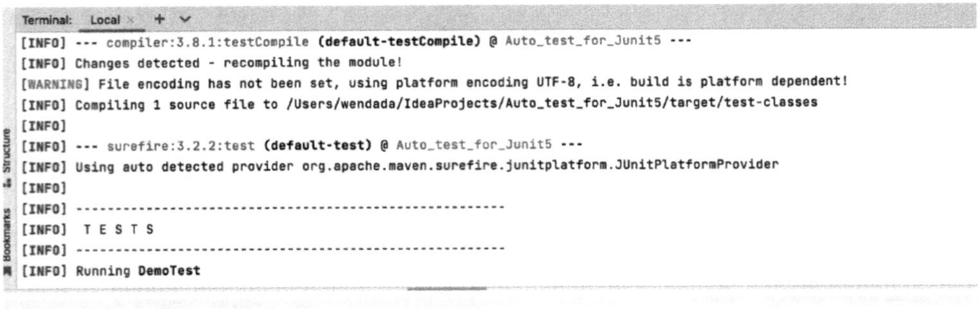

```
Terminal:  Local
[INFO] --- compiler:3.8.1:testCompile (default-testCompile) @ Auto_test_for_Junit5 ---
[INFO] Changes detected - recompiling the module!
[WARNING] File encoding has not been set, using platform encoding UTF-8, i.e. build is platform dependent!
[INFO] Compiling 1 source file to /Users/wendada/IdeaProjects/Auto_test_for_Junit5/target/test-classes
[INFO]
[INFO] --- surefire:3.2.2:test (default-test) @ Auto_test_for_Junit5 ---
[INFO] Using auto detected provider org.apache.maven.surefire.junitplatform.JUnitPlatformProvider
[INFO]
[INFO] -------------------------------------------------------
[INFO]  T E S T S
[INFO] -------------------------------------------------------
[INFO] Running DemoTest
```

● 图 4-92　执行 mvn 命令

2. JaCoCo 与 Java 版本兼容

当本地 Java 与 JaCoCo 的当前版本不兼容时，会出现报错提示：Unsupported class file major version 62。

通过官网 https://www.jacoco.org/jacoco/trunk/doc/changes.html 查看 JaCoCo 与 Java 兼容情况，如 JaCoCo 0.8.7 版本兼容 Java 15 与 Java 16。根据自身 JDK 版本下载对应 JaCoCo 版本，如图 4-93 所示。

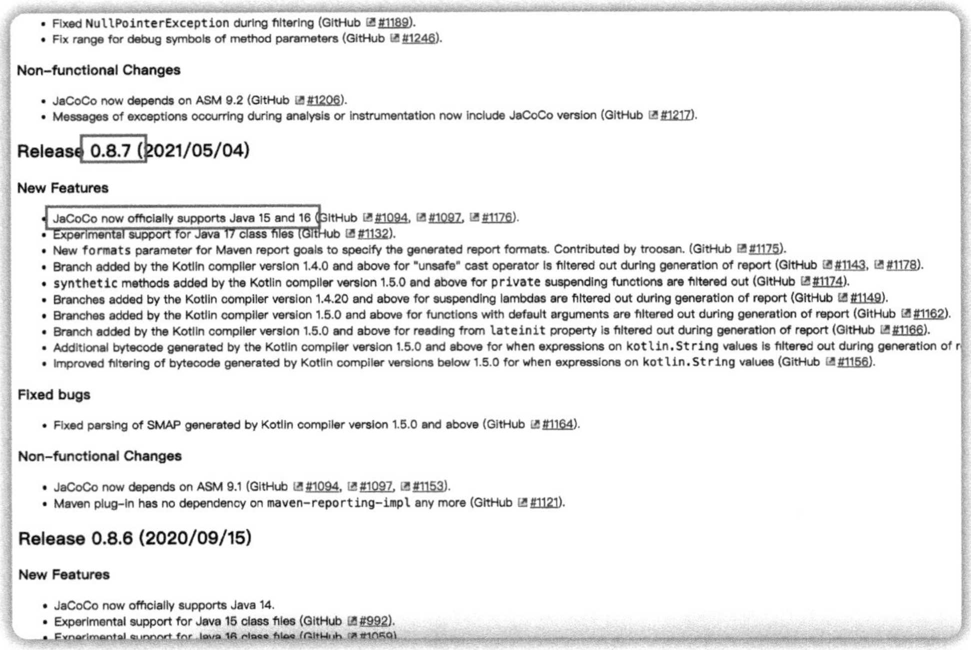

- Fixed NullPointerException during filtering (GitHub #1189).
- Fix range for debug symbols of method parameters (GitHub #1246).

Non-functional Changes

- JaCoCo now depends on ASM 9.2 (GitHub #1206).
- Messages of exceptions occurring during analysis or instrumentation now include JaCoCo version (GitHub #1217).

Release 0.8.7 (2021/05/04)

New Features

- JaCoCo now officially supports Java 15 and 16 (GitHub #1094, #1097, #1176).
- Experimental support for Java 17 class files (GitHub #1132).
- New formats parameter for Maven report goals to specify the generated report formats. Contributed by troosan. (GitHub #1175).
- Branch added by the Kotlin compiler version 1.4.0 and above for "unsafe" cast operator is filtered out during generation of report (GitHub #1143, #1178).
- synthetic methods added by the Kotlin compiler version 1.5.0 and above for private suspending functions are filtered out (GitHub #1174).
- Branches added by the Kotlin compiler version 1.4.20 and above for suspending lambdas are filtered out during generation of report (GitHub #1149).
- Branches added by the Kotlin compiler version 1.5.0 and above for functions with default arguments are filtered out during generation of report (GitHub #1162).
- Branch added by the Kotlin compiler version 1.5.0 and above for reading from lateinit property is filtered out during generation of report (GitHub #1166).
- Additional bytecode generated by the Kotlin compiler version 1.5.0 and above for when expressions on kotlin.String values is filtered out during generation of r
- Improved filtering of bytecode generated by Kotlin compiler versions below 1.5.0 for when expressions on kotlin.String values (GitHub #1156).

Fixed bugs

- Fixed parsing of SMAP generated by Kotlin compiler version 1.5.0 and above (GitHub #1164).

Non-functional Changes

- JaCoCo now depends on ASM 9.1 (GitHub #1094, #1097, #1153).
- Maven plug-in has no dependency on maven-reporting-impl any more (GitHub #1121).

Release 0.8.6 (2020/09/15)

New Features

- JaCoCo now officially supports Java 14.
- Experimental support for Java 15 class files (GitHub #992).
- Experimental support for Java 16 class files (GitHub #1059).

● 图 4-93　找到兼容版本

3. 通过 Auto_test_for_Junit 统计覆盖率

在 DemoTest 文件下删除 testAddition_Failure 函数，保留 testAddition_Success 函数，如图 4-94 所示。

```
import org.junit.jupiter.api.Test;
import static org.junit.jupiter.api.Assertions.assertEquals;

public class DemoTest {

    @Test
    public void testAddition_Success() {
        FunctionAdd demoTest= new FunctionAdd();
        System.out.print("Running testAddition_Success...");
        int result = demoTest.add( i: 2,  m: 3);
        assertEquals( expected: 5, result);
    }

}
```

● 图 4-94　修改代码只保留 testAddition_Success 函数

在 pom 根目录项下运行命令：mvn clean test，程序会扫描到 Test 文件夹下全部文件（扫描到 DemoTest. java 文件），如图 4-95 所示。

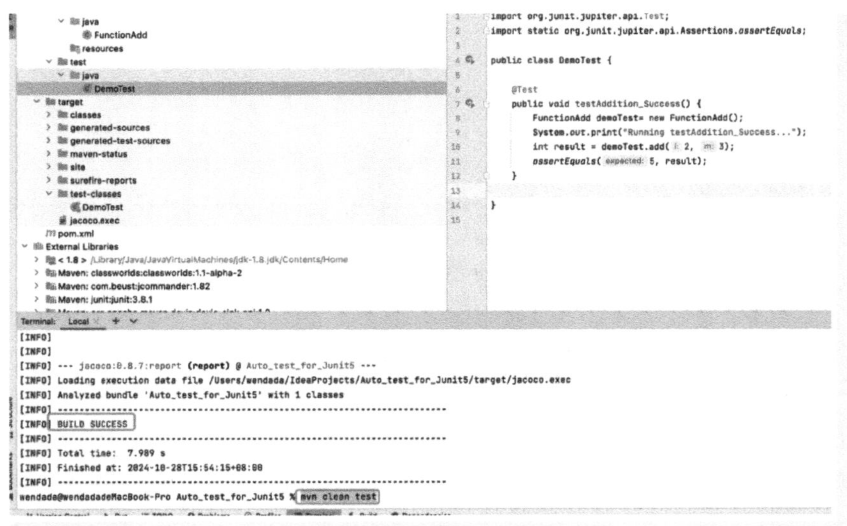

● 图 4-95　执行 mvn clean test 命令

找到 target 下的 index.html 文件，具体路径为 target/site/jacoco/index.html，如图 4-96 所示。

通过浏览器打开 index.html 文件，可以看到 FunctionAdd 下的测试用例覆盖情况，如图 4-97 所示。

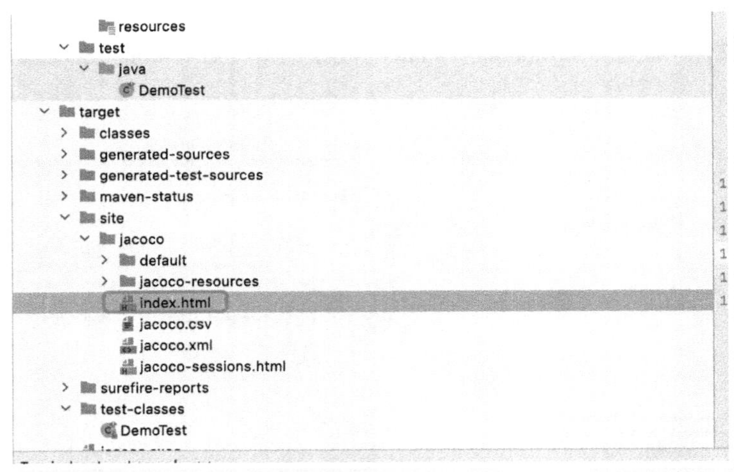

● 图 4-96　找到 index.html 文件

Auto_test_for_Junit5 > default > FunctionAdd

FunctionAdd

Element	Missed Instructions	Cov.	Missed Branches	Cov.	Missed	Cxty	Missed	Lines	Missed	Methods
add(int, int)		100%		n/a	0	1	0	1	0	1
FunctionAdd()		100%		n/a	0	1	0	1	0	1
Total	0 of 7	100%	0 of 0	n/a	0	2	0	2	0	2

● 图 4-97　查看测试用例覆盖情况

4.8.3　通过 JUnit 对登录接口进行测试调试

打开 RuoYi-Vue-Plus 项目，在 ruoyi-common-core 下 DateUtils 的文件中找到里面的 parseDate 方法，从代码得知该方法是对 date 日期进行格式化。下面对这里的代码逻辑进行单元测试，如图 4-98 所示。

定义测试数据：2024-05-01 12:00:00、2024/05/01 11:11:11。先调用 SimpleDateFormat 定义格式 yyyy-MM-dd HH:mm:ss 以及 yyyy/MM/dd HH:mm:ss，再调用 DateUtils.parseDate（dateString_2）方法将其解析成 Date 标准化数据，最后对 assertEquals 进行断言，判断两值是否相等，如图 4-99 所示。

● 图 4-98　DateUtils 文件中 parseDate 方法的代码逻辑

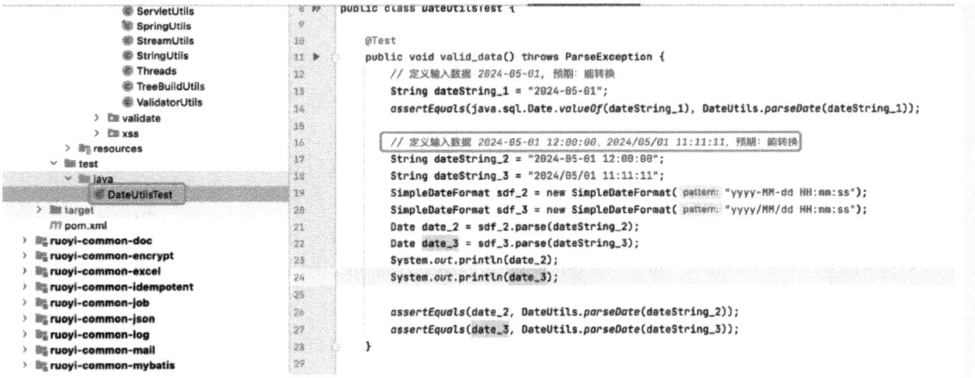

● 图 4-99　定义测试数据

据 DateUtils.parseDate 方法得知，当输入不符合标准格式的日期数据时会返回 null，所以需要考虑一些无效的输入数据，如空字符、非法日期（2024-）、带空格日期（2024-01-01）、null、非数字数据等，如图 4-100 所示。

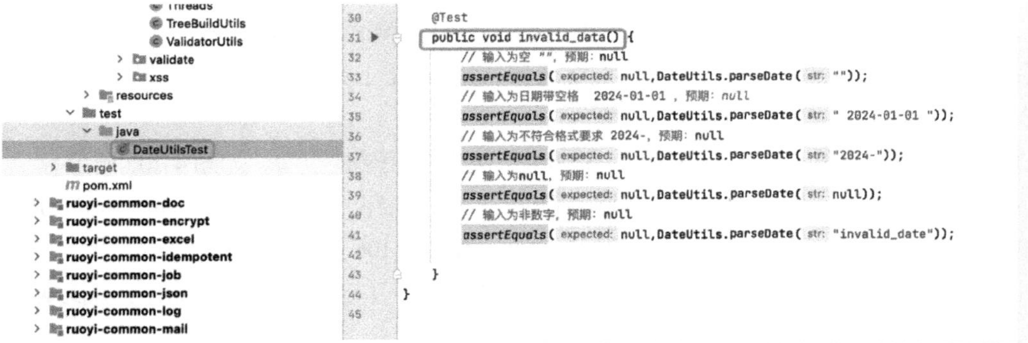

● 图 4-100　异常格式数据

运行单元测试用例，结果显示，当前测试用例全部运行通过，说明代码逻辑无问题，如图 4-101 所示。

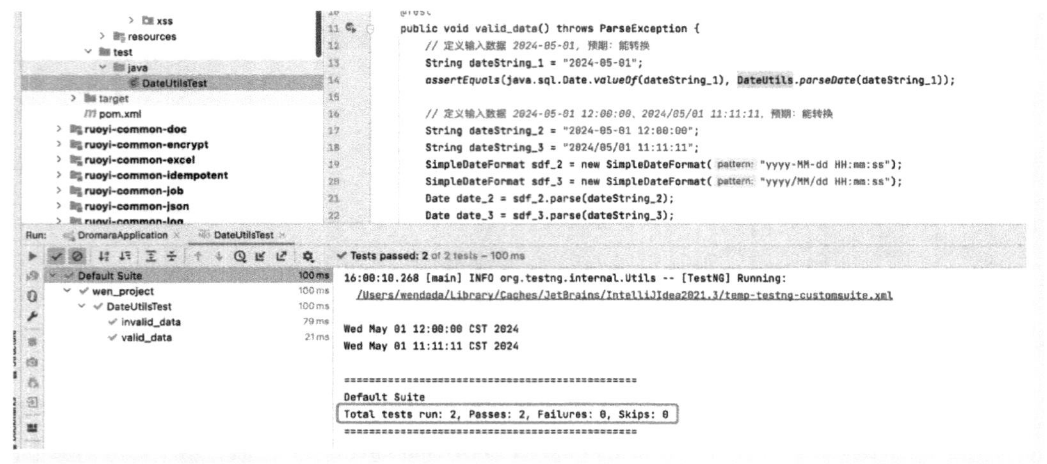

● 图 4-101　运行结果

4.8.4　代码获取地址

以上代码存放在 git clone git@gitee.com:welsh-wen/test-tech-logic-guide.git 的“4.8 基于 JUnit 进行单元测试实战”子文件中。

4.9 AI 工具在测试领域的运用

1. AI 工具在功能测试方面的运用

先设定一个业务场景，如青桔单车使用流程，如图 4-102 所示。

然后利用 AI 工具对其设计测试场景，如图 4-103 所示。

从生成的结果可以看出，AI 工具的回答不够全面并且测试场景太单一。根据多次实验得出，只要缩小业务场景范围并且详细描述该业务场景，这样 AI 工具生成的测试场景才会更为全面，如图 4-104 所示。

同时还可以将表格的形式进行输出，这样便于对整体用例的查看，如图 4-105 所示。

有些工具也支持上传附件及联网查询，我们可以将需要测试的场景以附件或访问 URL 的方式输入给 AI 工具，这样可以更好地进行用例设计，如图 4-106 所示。

除此之外，产品需求文档评审以及研发需求评审，都可以运用 AI 工具并附上测试规则的一些提示词让其快速总结，以供测试人员参考。

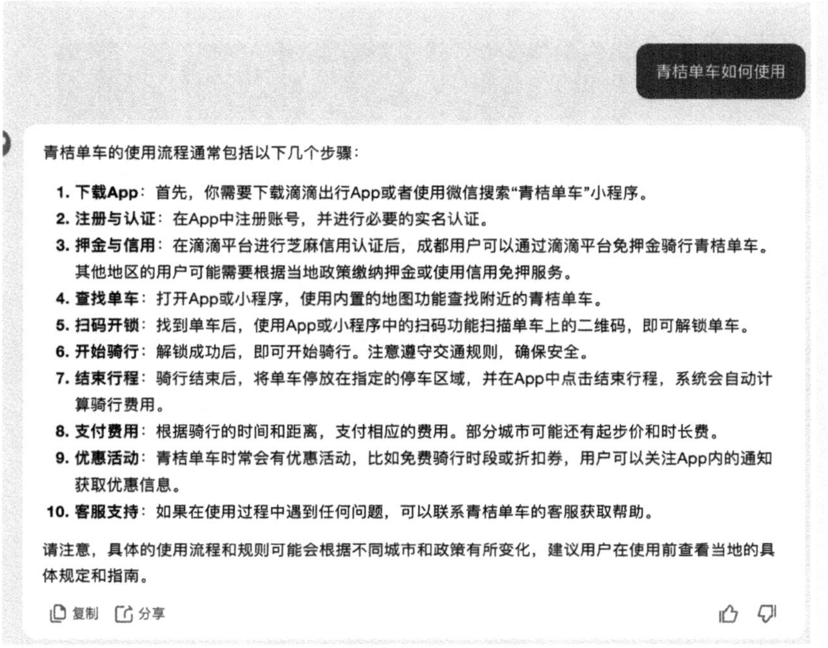

青桔单车如何使用

青桔单车的使用流程通常包括以下几个步骤：

1. **下载App**：首先，你需要下载滴滴出行App或者使用微信搜索“青桔单车”小程序。
2. **注册与认证**：在App中注册账号，并进行必要的实名认证。
3. **押金与信用**：在滴滴平台进行芝麻信用认证后，成都用户可以通过滴滴平台免押金骑行青桔单车。其他地区的用户可能需要根据当地政策缴纳押金或使用信用免押服务。
4. **查找单车**：打开App或小程序，使用内置的地图功能查找附近的青桔单车。
5. **扫码开锁**：找到单车后，使用App或小程序中的扫码功能扫描单车上的二维码，即可解锁单车。
6. **开始骑行**：解锁成功后，即可开始骑行。注意遵守交通规则，确保安全。
7. **结束行程**：骑行结束后，将单车停放在指定的停车区域，并在App中点击结束行程，系统会自动计算骑行费用。
8. **支付费用**：根据骑行的时间和距离，支付相应的费用。部分城市可能还有起步价和时长费。
9. **优惠活动**：青桔单车时常会有优惠活动，比如免费骑行时段或折扣券，用户可以关注App内的通知获取优惠信息。
10. **客服支持**：如果在使用过程中遇到任何问题，可以联系青桔单车的客服获取帮助。

请注意，具体的使用流程和规则可能会根据不同城市和政策有所变化，建议用户在使用前查看当地的具体规定和指南。

复制 分享

● 图 4-102　定义业务场景

请根据以上的使用流程帮我设计一些测试场景，要求：从功能、性能、易用性、兼容性等方面来设计

设计测试场景时，我们可以从多个维度确保青桔单车App或小程序的稳定性、可靠性和用户体验。以下是一些测试场景示例：

功能测试场景

1. **注册与登录测试**：
   - 测试用户是否能通过手机号/邮箱成功注册。
   - 测试第三方登录（如微信、QQ）是否有效。
2. **实名认证测试**：
   - 验证实名认证流程是否顺畅，认证信息是否准确。
3. **押金与信用认证测试**：
   - 测试芝麻信用认证是否能成功免押金。
   - 测试押金支付和退还流程是否正常。
4. **查找单车功能测试**：
   - 测试地图上显示的单车位置是否准确。
   - 测试“附近单车”列表是否更新及时。
5. **扫码开锁测试**：

i时@你想要的Kimi+ 使用各种能力

● 图 4-103　AI 工具输出的测试场景

请对首次使用小程序的青桔app用户在扫描自行车二维码的场景进行用例设计，要求覆盖：功能、性能、易用性、兼容性等方面。

针对首次使用小程序的青桔App用户在扫描自行车二维码的场景，以下是一系列测试用例设计，覆盖功能、性能、易用性、兼容性等方面：

功能测试用例

1. **正常扫码解锁**
   - 输入：首次使用用户，正常可识别二维码。
   - 操作：用户打开小程序，点击扫码，对准自行车二维码。
   - 预期输出：小程序识别二维码，解锁自行车。
2. **二维码损坏识别**
   - 输入：损坏的二维码。
   - 操作：用户尝试扫码损坏的二维码。
   - 预期输出：小程序显示错误信息，提示二维码无法识别。
3. **二维码遮挡识别**
   - 输入：部分遮挡的二维码。
   - 操作：用户尝试扫码被遮挡的二维码。
   - 预期输出：小程序提示二维码不完整或无法识别。

● 图 4-104　AI 工具生成的测试场景

以下是表格形式的测试用例设计：

测试类别	用例编号	测试点	测试步骤
功能测试	TC_F1	正常扫码解锁	1. 打开小程序。 2. 点击扫码。 3.
功能测试	TC_F2	二维码损坏识别	1. 准备损坏的二维码图片。 2. 尝试扫
功能测试	TC_F3	二维码遮挡识别	1. 准备部分遮挡的二维码。 2. 尝试扫
功能测试	TC_F4	连续扫码操作	1. 准备多个二维码。 2. 连续快速扫码
性能测试	TC_P1	扫码响应时间	记录扫码到解锁的总时间
性能测试	TC_P2	高并发扫码	模拟多个用户同时扫码
易用性测试	TC_U1	扫码界面导航	用户打开小程序，寻找扫码入口
易用性测试	TC_U2	错误提示信息清晰度	用户扫码损坏或遮挡的二维码，查看错误
兼容性测试	TC_C1	不同设备兼容性	在不同设备上打开小程序扫码
兼容性测试	TC_C2	不同操作系统版本	在不同系统版本上使用小程序

● 图 4-105　输出表格形式

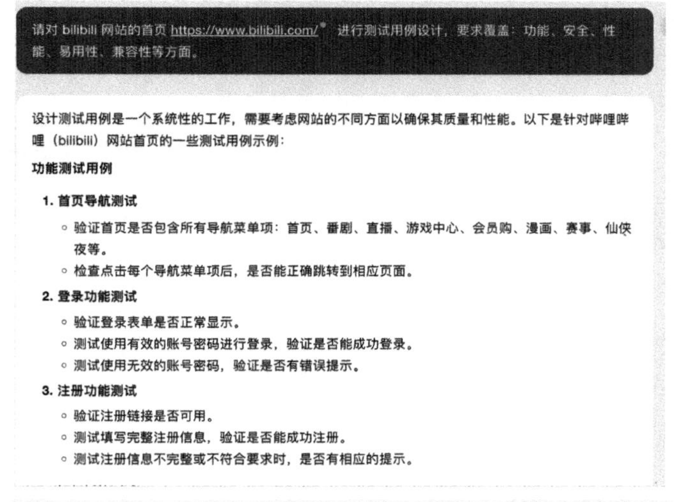

● 图 4-106　以访问 URL 的方式设计测试用例

2. AI 工具在自动化测试方面的运用

可以通过 AI 工具生成自动化接口脚本以及构造测试数据，在 AI 工具的对话框内附上接口文档并标明所需编程语言，即可得到对应的代码，如图 4-107 所示。

● 图 4-107　根据接口文档生成自动化接口脚本

同时我们需要对此接口设计一些测试数据，如图 4-108 所示。

● 图 4-108　根据接口文档设计一些测试数据

总结：AI 工具起到的作用更多是辅助，能否编写出完整且全面的测试用例，关键还是要基于对业务的理解，以及给予 AI 工具更详细的提示词，这样编写的用例才会全面细致。另外 AI 工具只能编写一部分简单的自动化逻辑代码，像复杂的自动化底层函数封装（如 request 请求）以及架构整体调试等都是需要测试工程师去实现的。

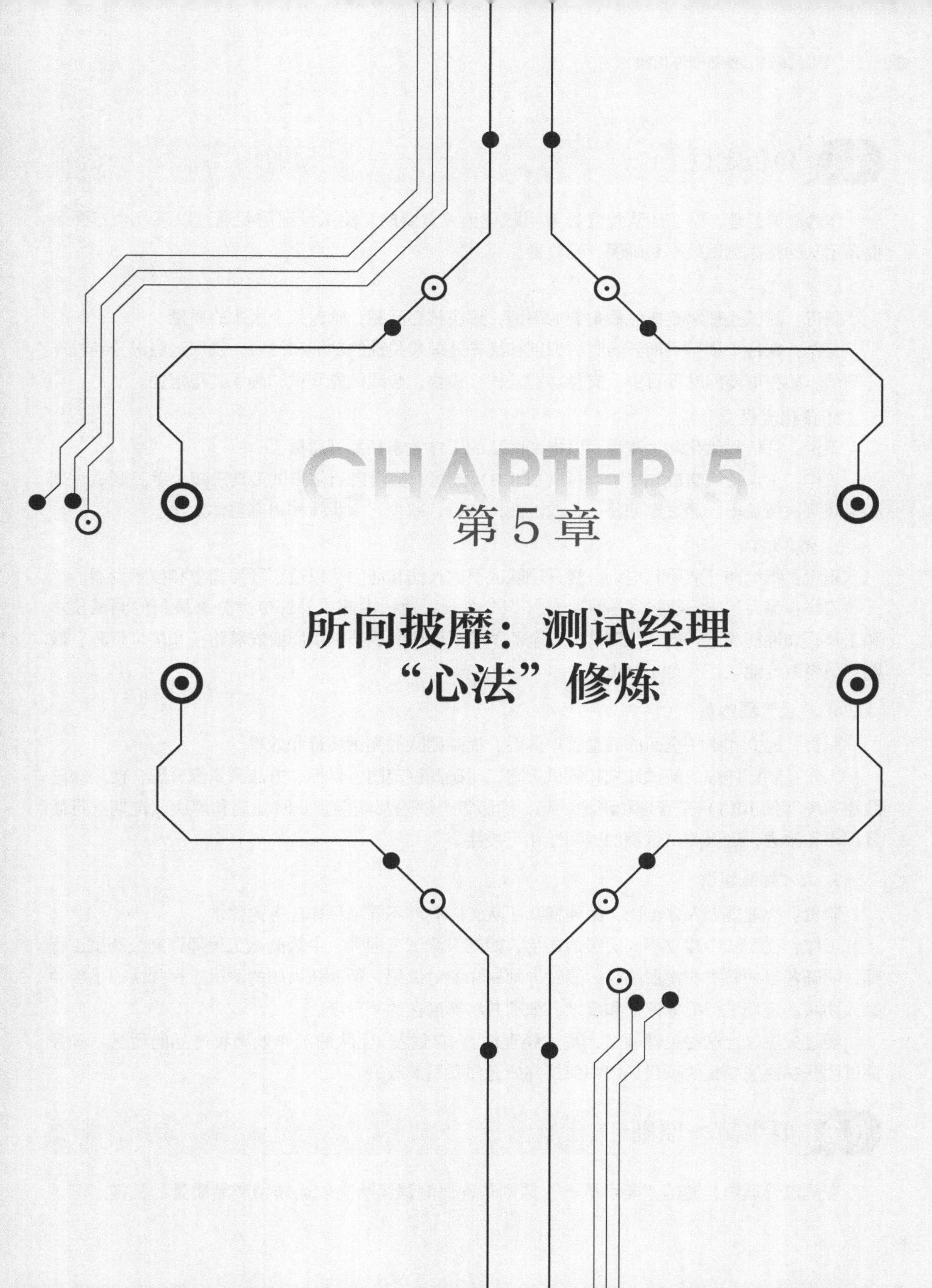

CHAPTER 5

第5章

所向披靡：测试经理“心法”修炼

5.1 角色定位

作为测试经理，站在团队角度思考问题是至关重要的。测试经理需要通过以下几个方面来提升团队的整体测试效率和确保产品质量。

1. 要事第一

职责：测试经理需要抓住最重要的事情，解决核心问题，确保每个版本的质量。

工作：在每个项目周期开始时，识别和优先处理最关键的功能和模块，确保这些部分经过充分测试。如在电商网站项目中，支付功能是核心模块，必须优先测试和确保其稳定性。

2. 优化流程

职责：分析和优化测试流程，以提高团队的工作效率和测试质量。

工作：引入持续集成和持续交付（CI/CD）流程，使用自动化测试工具来减少手工测试时间和提高测试覆盖率。通过定期评估和改进测试流程，减少冗余步骤和提高整体效率。

3. 团队培训

职责：组织和开展团队培训，提升团队成员的技能和能力，以适应项目需求和技术发展。

工作：每月组织一次技术培训会或知识分享会，邀请内部或外部专家分享最新的测试技术和工具，如性能测试、自动化测试、安全测试等。为团队成员提供职业发展路径和培训资源，鼓励组员考取专业认证（如 ISTQB）。

4. 质量管理体系

职责：建立和维护全面的质量管理体系，提高团队的测试质量和效率。

工作：制订详细的测试计划和测试策略，明确测试范围、目标、方法和资源分配。使用缺陷跟踪系统（如 JIRA）来管理和跟踪缺陷，确保每个缺陷都能得到及时处理和解决。定期进行质量评审和改进，确保测试过程的透明性和可控性。

5. 人才梯队建设

职责：合理规划人才配比，组建梯队团队，以应对不同项目和任务的需求。

工作：在团队中建立不同层级的角色，如初级测试工程师、中级测试工程师和高级测试工程师，明确各自的职责和发展路径。通过导师制和配对编程，帮助新入职的测试工程师快速上手并融入团队。定期进行绩效评估和反馈，识别并培养潜在的领导者。

通过关注以上这些关键领域，测试经理能够有效提升团队的工作效率和产品的质量，确保测试团队在快速变化的项目环境中保持高效运作和持续改进。

5.2 要事第一原则

在测试管理中，遵循“要事第一”原则是确保测试团队高效运作和产品质量的关键。测试经理可以运用四象限法则来有效地管理时间和任务的优先级，确保团队专注于最重要和最紧急的工作。

1. 四象限法则

四象限法则，也称为艾森豪威尔矩阵或时间管理矩阵，将任务分为四个象限，每个象限代表不同的重要性和优先级：第一象限重要且紧急；第二象限重要但不紧急；第三象限紧急但不重要；第四象限不重要且不紧急。

通过将任务分类到这四个象限中，测试经理可以更有效地分配资源和时间，确保团队的注意力集中在最重要的任务上。

2. 工作中的分类

以下是在测试工作中运用四象限法则对其进行分类，如表 5-1 所示。

表 5-1　工作分类

	重　要	不　重　要
紧急	Q1：重要且紧急 示例： 处理支付系统中的重大安全漏洞 在发布前一天发现的严重性能问题	Q3：紧急但不重要 示例： 处理一些临时的需求变更或不重要的客户请求 临时的报告或文档更新请求
不紧急	Q2：重要但不紧急 示例： 规划和实施自动化测试策略 组织团队的技术培训会和知识分享会 优化测试环境和工具链	Q4：不重要且不紧急 示例： 不必要的会议或不相关的邮件处理 无关紧要的文档或报告修改

不同的问题有不同的处理方法。

（1）第一象限重要且紧急

描述：这些任务需要立即处理，否则会对项目造成严重影响。通常包括关键功能的重大缺陷、紧急的客户反馈或即将发布的版本。

示例：

1）处理支付系统中的重大安全漏洞。

2）在发布前一天发现的严重性能问题。

处理方法：

1）立即安排团队成员处理。

2）确保有足够的资源支持。

(2) 第二象限重要但不紧急

描述：这些任务对项目的长期目标至关重要，但不需要立即完成，通常包括过程改进、技能培训和技术债务清理。

示例：

1) 规划和实施自动化测试策略。

2) 组织团队的技术培训会和知识分享会。

3) 优化测试环境和工具链。

处理方法：

1) 制订详细的计划和进度时间表，定期评估进展。

2) 分配团队成员在非高峰期处理这些任务，确保稳步推进。

(3) 第三象限紧急但不重要

描述：这些任务需要快速处理，但对项目的长期目标影响较小，通常包括干扰性的请求和突发事件。

示例：

1) 处理一些临时的需求变更或不重要的客户请求。

2) 临时的报告或文档更新请求。

处理方法：

1) 尽量减少这些任务对团队核心工作的干扰。

2) 识别团队中具备处理这些任务能力的成员。考虑他们的当前工作负载，确保委派不会给他们带来过重的负担。

3) 在委派任务时，向接手的团队成员明确地阐述任务的目标、期望结果和截止时间。确保他们了解任务的背景和重要性。

4) 为接手任务的团队成员提供必要的资源和支持，包括信息、工具和培训，以帮助他们高效完成任务。

(4) 第四象限不重要且不紧急

描述：这些任务对项目的目标没有显著影响，也不需要立即完成。通常包括一些低优先级的活动和浪费时间的任务。

示例：

1) 不必要的会议或不相关的邮件处理。

2) 无关紧要的文档或报告修改。

处理方法：

1) 尽量避免或减少这些任务的处理时间。

2) 评估这些任务是否真的需要完成，必要时可以取消或推迟。

（5）应用四象限法则的步骤

1）任务分类：列出所有待处理的任务，并根据重要性和紧急程度将其分类到四个象限中。

2）优先级设置：优先处理第一象限的任务，同时确保定期处理第二象限的任务，以防止它们变成紧急问题。

3）资源分配：合理分配团队资源，确保关键任务有足够的人力和时间来完成。

4）定期评估：定期评估和调整任务分类，确保团队始终专注于最重要的工作。

应用四象限法则不仅有助于解决当前的紧急问题，还能为团队的长期发展和成功奠定坚实的基础。

5.3 找到团队瓶颈并“解决”

测试经理的职责之一是分析和优化测试流程，这需要对现有流程进行评估，识别瓶颈和低效环节，并引入新的工具和方法来改进这些流程。

1. 现状评估

1）收集数据：记录和分析当前的测试流程，包括测试用例的编写、测试执行、缺陷管理和测试报告生成等环节。

2）识别瓶颈：通过数据分析和团队反馈，识别出流程中的瓶颈和低效环节，如测试用例执行时间长、缺陷修复周期长等。

3）设定目标：根据评估结果，设定明确的改进目标，如减少测试执行时间、提高缺陷修复效率等。

示例：

1）收集数据：测试经理组织团队成员填写每日测试活动日志，记录每个任务的开始时间和结束时间，以及遇到的困难和耗时。

2）识别瓶颈：发现手工测试步骤冗长，且回归测试耗时过多。

3）设定目标：将回归测试时间减少 50%，提高缺陷修复速度。

2. 引入自动化测试

步骤：

1）选择工具：根据项目需求选择合适的自动化测试工具，如 Selenium、JUnit、TestNG 等。

2）编写脚本：编写自动化测试脚本，覆盖常规功能测试和回归测试。

3）集成工具：将自动化测试工具与持续集成系统（如 Jenkins、GitLab CI）集成，实现自动化构建和测试。

示例：

1）选择工具：为 Web 应用选择 Selenium 作为自动化测试工具，并使用 JUnit 进行单元测试。

2）编写脚本：测试团队编写了自动化测试脚本，覆盖登录、购物车、结算等核心功能。

3）集成工具：在 Jenkins 中配置 CI/CD 流水线，每次代码提交后自动触发构建和测试。

3. 持续集成与交付（CI/CD）

步骤：

1）配置 CI/CD 流水线：包括代码构建、自动化测试、部署和发布。

2）自动化部署：实现代码从开发环境到生产环境的自动化部署，确保每次代码变更都经过测试。

3）监控和反馈：实时监控 CI/CD 流水线的执行情况，收集和分析反馈数据，进行持续改进。

示例：

1）设置 CI/CD 流水线：使用 Jenkins 配置 CI/CD 流水线，包括代码构建（Maven）、自动化测试（JUnit、Selenium）和部署（Docker、Kubernetes）。

2）自动化部署：每次代码变更推送到 GitLab 后，Jenkins 自动构建并运行测试，成功后将更新部署到测试环境。

3）监控和反馈：配置 Jenkins 的邮件通知功能，实时通知团队测试结果和部署状态，收集失败原因并进行改进。

4. 定期评估和改进

步骤：

1）定期回顾：定期召开回顾会议，评估测试流程的执行情况，收集团队反馈。

2）持续改进：根据回顾会议的结论，实施改进措施，如调整测试用例优先级、优化自动化脚本、引入新的测试工具等。

3）培训和分享：为团队成员提供培训，分享最佳实践和改进经验，确保改进措施的有效实施。

示例：

1）定期回顾：每个月召开一次回顾会议，评估上个月的测试效率和质量，收集团队成员的反馈和建议。

2）持续改进：发现自动化测试脚本中的某些步骤可以优化，将这些改进纳入下个月的工作计划，并在 Jenkins 中实现更高效的测试流水线。

3）培训和分享：组织内部培训，介绍新的测试工具和方法，分享改进经验，提高整个团队的测试水平。

结论：

通过以上具体步骤和方法，测试经理可以有效地优化测试流程，提高团队的工作效率和测试质量。流程优化不仅能显著减少冗余步骤和提升整体效率，还能确保测试团队能够快速响应变化，保持高效和稳定的工作状态。这些改进措施在实际项目中应用后，将为团队带来长期的效益和成功。

5.4 团队培养小 Tips

组织和开展团队培训，提升团队成员的技能和能力，以适应项目需求和技术发展。这不仅有助于提升团队的整体技术水平，也能增强团队的凝聚力和士气。

1. 制订需求分析和培训计划

步骤：

1）需求分析：评估团队成员的现有技能和项目需求，确定需要加强的技能领域。

2）制订计划：根据分析结果，制订详细的培训计划，涵盖技术培训、软技能培训和职业发展培训。

示例：

1）需求分析：发现团队成员在自动化测试和性能测试方面的技能较为薄弱。

2）制订计划：制订每月一次的技术培训计划，覆盖自动化测试、性能测试和安全测试等领域。

2. 技术培训和知识分享

步骤：

1）组织技术培训：每月组织一次技术培训会或知识分享会，邀请内部或外部专家分享最新的测试技术和工具。

2）知识分享平台：创建内部知识库或使用协作工具（如 Confluence、Notion），记录培训内容和技术资料，供团队成员随时查阅。

示例：

1）组织技术培训：邀请外部专家讲解最新的性能测试工具（如 JMeter）的使用方法，并结合实际项目进行演示。

2）知识分享平台：在 Confluence 上创建技术分享空间，记录培训内容、演示文稿和视频，并鼓励团队成员分享学习心得和实践经验。

3. 职业发展规划和认证培训

步骤：

1）职业发展规划：为团队成员制定职业发展路径，包括技术晋升和管理晋升两条路径，帮助组员明确职业发展目标。

2）认证培训：提供专业认证的培训资源和支持，鼓励团队成员获得行业认可的证书（如 ISTQB）。

示例：

1）职业发展规划：为初级测试工程师制定从初级到中级、高级测试工程师的职业发展路径，并提供相应的培训和指导。

2）认证培训：公司出资为团队成员提供 ISTQB 认证培训课程，帮助组员通过认证考试，提高专业水平和职业竞争力。

4. 软技能培训

步骤：

1）沟通与协作：组织团队建设活动和沟通技能培训，提高团队成员的沟通能力和协作效率。

2）问题解决和创新思维：提供问题解决和创新思维的培训，培养团队成员的创造力和解决复杂问题的能力。

示例：

1）沟通与协作：组织团队建设活动，如户外拓展、团队游戏等，加强团队成员之间的信任和协作。

2）问题解决和创新思维：邀请专家讲解创新思维和问题解决方法，结合实际案例进行练习和讨论。

5. 反馈与改进

步骤：

1）收集反馈：每次培训后，收集团队成员的反馈，了解培训效果和改进建议。

2）持续改进：根据反馈不断优化培训计划和内容，确保培训能够切实提升团队成员的技能和能力。

示例：

1）收集反馈：每次培训结束后，通过问卷调查或面对面交流，收集团队成员对培训内容、形式和效果的反馈。

2）持续改进：根据反馈结果，调整培训内容和形式，如增加实操练习、邀请更多外部专家等，不断提高培训质量。

6. 总结

通过系统化的团队培训，测试经理能够有效提升团队成员的技能和能力，满足项目需求和技术发展的需要。同时，通过职业发展规划和专业认证，增强团队成员的职业信心和归属感。定期的技术培训和知识分享，不仅提升了团队的整体技术水平，也促进了团队成员之间的协作和交流，增强了团队的凝聚力和战斗力。

5.5 搭建质量体系

建立和维护全面的质量管理体系，以提高团队的测试质量和效率。测试经理需要通过系统的规划和执行，确保测试工作高效、有序地进行，并持续改进测试过程。

1. 制订测试计划和策略

步骤：

1）测试计划：制订详细的测试计划，包括测试范围、测试目标、测试方法和资源分配。

2）测试策略：明确测试策略，如手工测试、自动化测试、性能测试等，确保覆盖所有重要功能和非功能需求。

示例：

1）测试计划：在电商项目中，测试计划包括所有主要功能（如用户注册、登录、购物车、支付）的测试范围，目标是确保每个功能模块无重大缺陷，测试方法为手工测试和自动化测试结合，资源分配为 3 名测试工程师。

2）测试策略：策略包括每天的功能测试和每周的回归测试，自动化测试覆盖核心功能，性能测试在发布前一周进行。

2. 使用缺陷跟踪系统

步骤：

1）选择工具：选择合适的缺陷跟踪工具（如 JIRA）来记录和管理缺陷。

2）缺陷管理流程：建立标准的缺陷报告和管理流程，确保每个缺陷从发现到解决都有明确的流程和责任人。

示例：

1）选择工具：使用 JIRA 作为缺陷跟踪工具，所有测试工程师必须在发现缺陷时在 JIRA 中记录。

2）缺陷管理流程：缺陷管理流程包括报告缺陷、分配责任人、修复缺陷、验证修复和关闭缺陷。每个缺陷都需要详细的描述、复现步骤和预期结果，并按优先级分类。

3. 定期质量评审和改进

步骤：

1）定期评审：定期召开质量评审会议，评估测试进度和质量状况，讨论存在的问题和改进措施。

2）持续改进：根据评审结果，制订改进计划，优化测试流程和方法，确保质量管理体系的持续改进。

示例：

1）定期评审：每两周召开一次质量评审会议，测试经理与团队成员一起评估测试进度、缺陷状况和测试覆盖率，讨论遇到的挑战和解决方案。

2）持续改进：评审后，测试经理根据会议结果制订改进计划，如增加自动化测试覆盖率、优化测试环境配置、改进缺陷报告模板等。

4. 管理文档和报告

步骤：

1）文档标准化：制定标准的测试文档模板和报告格式，确保所有测试文档的一致性和完整性。

2）报告生成和分发：定期生成测试报告，详细记录测试进度、缺陷状况和质量评估结果，并向项目相关方分发。

示例：

1）文档标准化：制定标准的测试用例模板，包括用例编号、测试步骤、预期结果、实际结果等。所有测试工程师都必须使用统一的模板编写测试用例。

2）报告生成和分发：每周生成测试报告，内容包括本周的测试活动、发现的缺陷数量和类型、测试覆盖率和通过率等，并通过邮件发送给项目经理和开发团队。

5. 培训和提升质量意识

步骤：

1）制订培训计划：制订质量管理相关的培训计划，提高团队成员的质量意识和技能。

2）提升质量意识：通过宣传和实践，提高团队成员的质量意识，确保每个人都重视质量管理体系。

示例：

1）制订培训计划：定期举办质量管理培训课程，内容包括缺陷管理、测试方法、质量评审等。邀请资深测试工程师或外部专家进行授课。

2）提升质量意识：在团队内部推广"质量第一"的理念，通过分享成功案例和经验教训，让每个团队成员都认识到质量管理的重要性。

通过建立和维护全面的质量管理体系，确保测试工作高效、有序地进行，并持续改进测试过程。

5.6 搭建人才梯队

合理规划人才配比，组建梯队式团队，以应对不同项目和任务的需求。通过明确的角色分配和发展路径，帮助团队成员实现个人成长。

1. 角色和职责分配

步骤：

1）建立层级角色：在团队中建立不同层级的角色，如初级测试工程师、中级测试工程师和高级测试工程师，明确每个角色的职责和期望。

2）明确发展路径：为每个层级的角色制定清晰的发展路径，帮助团队成员了解组员可以如何晋升和发展。

示例：

1）初级测试工程师：主要负责执行测试用例、记录测试结果、报告缺陷等任务。发展路径包括学习高级测试技术、参与测试工具开发等。

2）中级测试工程师：负责设计测试用例、制订测试计划、进行复杂功能测试等。发展路径包括项目管理培训、领导团队等。

3）高级测试工程师：负责总体测试策略、指导初/中级测试工程师、解决复杂技术问题等。发展路径包括技术专家、测试经理等。

2. 导师制和配对编程

步骤：

1）导师制：为每位新入职的测试工程师分配一位导师，提供指导和支持，帮助组员快速适应工作环境和团队文化。

2）配对编程：鼓励团队成员之间进行配对编程，分享知识和经验，提升团队整体技能水平。

示例：

1）导师制：新入职的初级测试工程师小李，分配了一位有经验的中级测试工程师小张作为导师。小张定期与小李一对一交流，帮助其解决工作中的问题，并指导其职业发展。

2）配对编程：在每周的项目时间里，安排不同级别的测试工程师进行配对编程，分享各自的测试技巧和方法，促进知识交流和共同进步。

3. 绩效评估和反馈

步骤：

1）定期评估：定期进行绩效评估，评估团队成员的工作表现、技术能力和发展潜力。

2）提供反馈：根据评估结果，提供具体的反馈和改进建议，帮助团队成员了解自己的优势和不足。

示例：

1）定期评估：每季度进行一次绩效评估，评估内容包括工作任务完成情况、技术水平、团队协作情况等。通过评估发现小李在自动化测试方面表现出色，但在“缺陷管理”方面需要提高。

2）提供反馈：在评估后，测试经理与小李进行一对一的反馈交流，表扬其优点，并提出改进“缺陷管理”能力的建议，如参加相关培训课程。

4. 培养潜在领导者

步骤：

1）识别潜力：通过绩效评估和日常观察，识别具有领导潜力的团队成员。

2）提供机会：为潜在领导者提供更多的领导机会和挑战，如项目管理、团队带领等。

3）指导和培训：提供领导力培训和指导，帮助组员发展管理和领导能力。

示例：

1）识别潜力：通过多次项目的表现，发现小张不仅技术过硬，而且在团队协作和项目管理上表现出色，具有很大的领导潜力。

2）提供机会：让小张负责一个小项目的管理，从项目计划、任务分配到进度跟踪，给予其更多的实践机会。

3）指导和培训：安排小张参加公司组织的领导力培训课程，并由测试经理定期提供指导，帮助其提升管理技能。

明确的角色分配和发展路径、导师制和配对编程、定期的绩效评估和反馈，以及培养潜在领导者，确保测试团队在快速变化的项目环境中保持高效运作和持续改进。这不仅能帮助团队成员实现个人成长，也能增强团队的凝聚力和战斗力，确保项目的顺利完成。

参考文献

[1] 道格拉斯·E. 科默. 计算机网络与因特网（英文版）[M]. 6 版. 北京：电子工业出版社，2017.

[2] BEN FORTA. SQL 必知必会 [M]. 钟鸣，刘晓霞，译. 5 版. 北京：人民邮电出版社，2020.

[3] BRIAN OKKEN. Pytest 测试实战 [M]. 陆阳，饶勇，译. 武汉：华中科技大学出版社，2018.

[4] 虫师. Selenium 3 自动化测试实战：基于 Python 语言 [M]. 北京：电子工业出版社，2019.

[5] 刘琛梅. 测试架构师修炼之道：从测试工程师到测试架构师 [M]. 北京：机械工业出版社，2016.